高隽/著

OF SHAME
EMOTION
REGULATION

羞耻情绪的

调节

知识产权出版社
Intellectual Property Publishing House
全国百佳图书出版单位

图书在版编目(CIP)数据

羞耻情绪的调节 / 高隽著. —北京:知识产权出版社,2016.4

ISBN 978-7-5130-4069-3

Ⅰ.①羞… Ⅱ.①高… Ⅲ.①情绪—心理调节—研究—中国 Ⅳ.①B842.6

中国版本图书馆CIP数据核字(2016)第034763号

内容提要

本书是论述中国成年人如何调节羞耻情绪的实证研究专著。全书通过6个系列研究，主要结论是：第一，羞耻情绪被界定为一种伴随复杂的自我认知评估过程和调节努力的负性的自我意识情绪；第二，在尝试对羞耻进行调节时，中国成年人的最终调节目标可被理解为在恢复或重建在自己/他人眼中积极的自我认同，而调节情绪的努力可抽象为，在防御羞耻事件对自我认同的破坏和承认这一破坏，并着手修复自我认同的损伤之间寻求平衡的过程；第三，调节策略的选择也可被视为一种动态认知评估的过程，没有任何一种策略全然有效；第四，本书就研究成果在深化情绪调节理论，以及对临床实践应用的价值进行了阐释。

责任编辑：李小娟　　　　　　责任出版：孙婷婷

羞耻情绪的调节

高　隽　著

出版发行：知识产权出版社有限责任公司	网　　址：http://www.ipph.cn
	http://www.laichushu.com
电　　话：010-82004826	
社　　址：北京市海淀区西外太平庄55号	邮　　编：100081
责编电话：010-82000860转8531	责编邮箱：lijuan5599@126.com
发行电话：010-82000860转8101/8029	发行传真：010-82000893/82003279
印　　刷：北京中献拓方科技发展有限公司	经　　销：各大网上书店、新华书店及相关专业书店
开　　本：720mm×1000mm　1/16	印　　张：15
版　　次：2016年4月第1版	印　　次：2016年4月第1次印刷
字　　数：200千字	定　　价：58.00元

ISBN 978-7-5130-4069-3

自　序

　　从事有关羞耻情绪的心理学研究已有近十年时间，现在还记得，最初阅读到的国外文献中把它称为丑陋（ugly）的情绪，我的内心不由一震。对于当时更多将羞耻和"无羞恶之心，非人也"以及"知耻而后勇"联系在一起的我而言，让我不太理解的是，这样一种"高尚"的情绪为何被冠以丑陋之名，而且还和各种心理病理问题紧紧绑在一起呢？在我自己这些年的研究生涯中，虽然围绕羞耻情绪做了一些实证研究，在临床实践和个人生活中也不时和这个情绪打交道，对它的理解也在不断加深，但这个有关"是'高尚'还是'丑陋'"的问题仍然萦绕心头，在我对羞耻情绪的研究和思考中以不同的问题形式出现，成为我尝试提出研究问题和解决研究问题的重要背景。从这个意义上来说，这本书是我尝试对这个问题作出的一种解答。

　　作为一个从事临床心理学研究和心理咨询工作的心理学工作者，情绪既是我最主要的研究兴趣，也是心理咨询工作中的焦点。如何更好地认识和理解自己的情绪，如何更好地调节自己的情绪，乃至如何让情绪促进自己过上更有效、更有意义的生活，这些议题不仅是心理学家所关注的研究主题，或是心理咨询师或治疗师在诊室中和来访者共同遭遇的问题，更是每一个人在日常生活中必然会面对和尝试应对的人生处境。也或许是因为自己一直努力建立起某种"科学家-临床实践者"的身份认同,在选择博士阶段的论文主题时,我并未继续沿着之前自己的研究路径,考察羞耻情绪的产生机制或做羞耻情绪的跨文化比较研究,也未将羞耻情绪和某个心理病理问题联系在一起,做以干预羞耻情绪为核心的干预研究,而是选择将羞耻情绪置于情绪调节这一基础研究领域之下,来做一系列的实证研究,希望能回答当时困扰我的三个主要的研究问题:①一个人在羞耻情绪体验中会采用什么样的方式来调节自己的情绪,以及这种调节的一般过程是什么样的。②若对自我的负面评价是激发羞耻情绪的重要认知评价机制,那么这个机制会如何影响到一个人所选用的调节策略。③不同的调节策略在效果上有何差异。现在看来,本书也是我尝试建立"科学家-实践者"身份认同过程中的一个"混血"产物,从研究主题到研究方法都可见这一痕迹,至于努力的结果是否也能如一般意义上的混血儿那般"颜值出众",就留给各位读者评判了。

鉴于本书是由一系列的心理学实证研究所构成,因而在写作上采用的是标准的"学术体格",对于让人"脸红心跳"的羞耻情绪而言,或许读来有些疏离和冰冷。鉴于在做这一系列研究时,我努力秉承科学研究需有明确的"操作定义",能进行合宜的"假设检验",且结果具有"可重复性"的原则,因而本书中的"羞耻情绪",尤其是实验条件下人为诱发的羞耻情绪,并不如生活中真切的情绪体验那般具体、丰富和连贯,显得抽象和断裂。但尽管如此,我个人仍认为本书不失为一种有益的努力,将羞耻情绪的调节作为一个严肃的学术主题加以考察,以实证科学研究的方法来获得相关的知识,并能对这些知识可能的临床应用提出一些洞见,也是我作为一名行进在学术和临床实践征途上的年轻旅人的幸福。如本书的内容能为相关领域的科学研究或临床实践提供检验和批判的材料,从而能获取更好的知识,则是我个人莫大的荣幸。此外,从事羞耻情绪的研究以来，我以各种不同的方式触及到众多人的羞耻体验，或浅或深地分享了他们的羞耻经历，在此也想向所有研究参与者表示诚挚的感谢和由衷的敬意。在本书的前两个研究中，会包含不少研究参与者真实的羞耻体验，以及他们如何调节羞耻情绪，如何理解自己对羞耻体验的种种回应的片段。读者或许不难在阅读这些片段时有"感同身受"的体验。在我完成这两个研究和写作的过程中，我努力尝试既去捕捉和把握住每一个人的羞耻体验的特异和丰富，又能提取和凝练出羞耻情绪的调节过程和其结果上的一般规律。尽管最终努力的结果远非完美，但相信读者还是能够在"感同身受"之外获得一些有益的知识和洞见。

博士毕业之后，我有幸进入复旦大学心理学系工作。在每个学期的教学工作中，我都会给本科生开设《心理学导论》的课程，因而每次我都有机会给非心理学专业的本科生讲授情绪这一主题。在讲授这一主题之初，我会先亮出心理学对情绪的定义，即"一种复杂的反应模式，包括主观体验、行为和生理元素，个体借此来应对有重要个人意义的事件或事物"（APA College Dictionary of Psychology，2009）；而到了讲授的尾声，我会再次强调，每一种情绪都没有绝对的好坏之分，无论是负性的情绪还是正性的情绪，它们都有各自的功能，都能帮助我们去应对和适应环境，而理解这一点是进行有益的情绪调节的第一步。在课后的反馈中，往往有不少学生对我有关情绪的"科普"表示深受启发，觉得自己对情绪的态度及对待情绪的方式发生了改变，能更多以理解和接受而非抗拒和压制的方式来应对那些"非我所愿"的情绪，还获得了不错的效果。本书的结论也能写成这样的简化版本：羞耻情绪本身既不丑陋也不高尚，但当不同的人在不同的背景下体验到它，并用不同的方式去尝试对这种体验作出回应时（即作出情绪调节的努力时），这些回应的结果则可能是"丑陋"的（如引发无穷无尽的自责和悔恨，陷入抑郁之中），也可能是"高尚"的（如意识到自己的弱点，努力尝试改变以成为一个让自己更满意的人）。若一个人能允许自己去接受自己的羞耻感（做到这一点往往不容易），有意愿去理解它所传达的信息，并能在某种程度上进行更为灵活的回应（而非强迫性地只使用某一种策略），那么羞耻情绪的调节也会更为成功。当然，本书也尝试提供了若干个更为复杂的版本，那就请读者自己去发现了。

2016 年 1 月 22 日 于上海家中

目　录

第1章　文献综述与研究设想

1.1 文献综述

尽管每个人在日常生活中都会有这样或那样的情绪感受，但在心理学中，究竟什么是情绪？却并不是一个容易回答的问题（Frijda，2005）。从认为情绪仅是我们身体对外界刺激作出反馈的詹姆斯-兰德理论，到认为情绪是个体对外界刺激进行认知评价并伴随生理唤起的认知评价理论，一个显而易见的趋势是，当代心理学家越来越倾向于认为：情绪体验是一种复杂的体验，是个体对环境所作出的独特的反应，并且由多种不同的躯体和心理"成分"组成，包括生理唤起、主观感受、认知评估过程及行为反应等（Gerrig and Zimbardo，2003）。

1.1.1 羞耻情绪

1. 羞耻情绪概述

1）羞耻情绪的界定

在对羞耻（shame）情绪的界定中，最常见的是将其视为一种自我意识情绪（self-conscious emotion）。自我意识情绪指的是以某种程度的自省和自我评价为核心特征的情绪，除了羞耻以外，内疚（guilt）、自豪（pride）、尴尬（embarrassment）也被认为属于自我意识情绪（Lewis，1999；Tangney，1999；Tracy and Robins，2007）。自我意识情绪的界定本身显然沿袭了情绪的认知评价模型的理论思路，即认为特定情绪的唤起及情绪与情绪间的区分是个体基于一些标准或维度对诱发情绪的情境进行主观评价的结果（Scherer，1999）。例如，Tracy 和 Robins 在他们提出的自我意识情绪的认知评价模型中指出（Tracy and Robins，2006；Tracy et al.，2007），自我意识情绪的产生是因为个体评估当下的事件/情境是与自我认同的目标相关（如考试成绩与"我是有能力的"认同目标有关），但其结果却又与自我认同的目标不一致（如考试不及格与"我是有能力的"认同目标不一致）；且相较非自我意识情绪，这些情绪的产生需要自我觉知和自我表征，在认知上更为复杂，并能促进个体达成复杂的社会目标。

在自我意识情绪的框架下，对羞耻的一个经典定义是将其视为一种自我指向的痛苦、难堪、耻辱的负性情感体验，在这种体验中，个体的自我成了被审视和给予负性评价的中心（Tangney，1999）。

包括羞耻在内的自我意识情绪也会被某些心理学家称为具有明显社会性色彩的情绪（social emotion）（Gilbert，2003；Tangney，1999），这是因为尽管负性的自我觉知和自我评估是引发羞耻情绪的核心，但个体对自我的觉知及评估的重要来源是个体所知觉或想象中的他人对自我的觉知和评价（Fessler，2007；Gilbert，2007；Gruenewald et al.，2006）。自我意识情绪的产生被认为需要至少某种人际意识（Draghi-Lorenz，2001），或具备客体表征的能力，且早期重要的人际关系也是自我意识情绪产生与发展的基础（Gilbert，2007）。因此，包括羞耻在内的自我意识情绪也常会在人际情境中被诱发，并驱动不同的人际行为（Tangney，1999），给个体的社会化过程带来重要影响（Gilbert，2003，2007）。

但也有学者认为，羞耻情绪和高兴、愤怒、悲伤一样，是一种基本情绪。在羞耻究竟是自我意识情绪还是基本情绪的争论中，一个重要的争议点是羞耻是否具有独特、可识别的情绪信号（即面部表情和姿态），这也是 Ekman 区分基本情绪和非基本情绪的一个重要指标之一（Gruenewald et al.，2007）。支持羞耻是基本情绪的学者认为，羞耻虽不一定具备独特的面部表情，但却具备独特的身体姿态（如低头含胸、视线下垂、扭头或转移视线等）（Gruenewald et al.，2007；Nathanson，1992；Tangney，1999；Tangney et al.，2007）。例如，Tomkins（1963）基于对婴儿行为的观察提出，当婴儿的兴趣或愉悦体验被阻断时，婴儿会表现出低头含胸、转移视线或脸红，Tomkins 认为，此时婴儿就产生了羞耻情绪。在他看来，羞耻是当愉悦体验被阻断时产生的负性情感，是一种婴儿生来就能体验和表达的"先天情绪"，其产生并不需要自我觉知或人际意识，它的主要功能则是调节过度的积极情绪和情绪表达。尽管有一些实证研究证明，羞耻情绪至少具有可被辨识的独特姿态，但仍缺乏直接的实验室证据证明其符合其他基本情绪的特征，如诱发迅速且持续时间短，具有自动化的认知评价（appraisal），独特的生理反应模式等（Gruenewald et al.，2007），因而总体而言，当今学者仍倾向于把羞耻情绪归为复杂的自我意识情绪而非基本情绪。

羞耻情绪还被视为道德情感之一，这一界定更多侧重的是羞耻情绪的功能。所谓的道德情感，根据 Haidt 的定义（Tangney et al.，2007），是指那些"和整个社会或至少是和一些人的利益或福利，而非是和单个裁判者或行动者的利益或福利有密切联系的情绪"。这类情绪被认为与对人际事件作出准确的解释并采取补救行为有十分紧密的关系（Tangney，1991），并且是善行和避免施害背后的重要动力（Kroll and Egan，2004）。

2）羞耻情绪的现象学特征

基于对个体主观报告的羞耻体验进行分析的现象学研究为理解羞耻情绪作为一种复杂的、多成分构成的体验提供了线索。Lewis（2003）总结了主要基于西方研究而得出的羞耻情绪的4个现象学特征：第一个特征是躲藏或消失的愿望；第二个特征是强烈的痛苦、不适和愤怒；第三个特征是对自己整体的负性评价，认为自己无能、没有价值，不够优秀；第四个特征是情绪体验中的主体和客体的融合，即羞耻情绪让个体完全将注意力集中在自我上，既是情绪的体验者，又是情绪指向的对象，从而导致陷入羞耻情绪的个体常常难以清晰地思考和行动。

近10年来，一些学者对东方文化下的个体（主要是中国人和印度人）羞耻体验也进行了类似的现象学研究，这些研究的主要结论和西方研究是一致的，即当个体体验到羞耻情绪时，在主观体验上会感受到非常强烈的痛苦，并常伴有沮丧、愤怒等情绪；在生理唤起上会出现脸红、出汗和心跳加快等反应；在认知评价上，个体会对自我有负性的评价，有逃避或躲藏的强烈愿望（Anolli and Pasucci，2005；Breugelmans and Poortinga，2006；钱铭怡等，2001；谢波和钱铭怡，2000；汪智艳等，2009）；并且相比同是自我意识的内疚情绪，体验到羞耻情绪的个体会感到更为痛苦、更强烈的无助感及想躲藏和逃避的愿望，情绪体验在记忆中持续的时间也更久（Anolli and Pasucci，2005；谢波和钱铭怡，2000）。但和西方研究结果并不完全一致的是，参与研究的中国人并没有报告同等程度的渺小感和无能感（钱铭怡等，2001），与内疚情绪相比，也未报告更高水平的渺小感及无能感（谢波和钱铭怡，2000）；此外，中国的个体会更强烈地感觉他人在注视自己，更希望知道别人对自己的评价，而且越是在日常生活中容易体验到羞耻情绪的个体，越会担心他人的负性评价，并有更强烈的逃避意愿，但同时也会觉得自己更应为事情的后果负责，更希望能去弥补（钱铭怡等，2001）。

在东西方文化背景下，羞耻情绪体验在现象学上的异同，反映出文化对特定情绪体验所造成的影响是复杂和多维的（Gross and Madson，1997；Mesquita and Frijda，1992；Shweder，2003）。如从情绪的认知过程模型和跨文化比较的视角出发，文化被认为会对特定情绪的不同构成成分造成影响，包括其诱发事件/情境、个体对事件的编码（coding）和评估（apprais-al），生理唤起模式，行为反应及对特定情绪的管理和调节模式等；此外，文化的影响不仅可以表现在上述任意一个成分中，且成分与成分之间的异同也可以是彼此独立的（Mesquita and Frijda，1992；Shweder，2003）。

除了现象学上的异同之外，现有的研究表明，文化差异对羞耻情绪的影响还表现在词语表征上（Edelstein and Shaver，2007；Frank et al.，2000；Li et al.，2004），对情绪的评价（Fischer et al.，1999；Yang and Rosenblatt，2001），以及其行为结果（Bagozzi et al.，2003）和对自尊的影响（Fischer et al.，1999；Wong and Tsai，2007）上。在解释这些差异背后的机制时，许多研究者都较为一致地认为，这些差异反映的是不同文化中，个体自我表征和自我结构上的差异，例如，独立自我和互依自我（Markus and Kitayama，1991）的差异（Bagozzi et al.，2003；Li et al.，2004；Tracy et al.，2007；Wong and Tsai，2007）。在羞耻体验的文化差异问题上，可以观察到的一个趋势是，相比独立自我构念更占主导地位的国家（如美国），互依自我构念占主导的国家（如中国），会有更丰富的词语表征来描述羞耻及其相关情绪，对羞耻情绪本身有更积极的评价，羞耻情绪对其自尊的影响也相对更小，也更频繁地被作为一种有效的社会控制机制来使用（Gilbert，2007；Gruenewald et al.，2007）。鉴于羞耻情绪与文化和社会的紧密关系，Shweder（2003）认为，如果要定义一个羞耻情绪的抽象形式且这一形式又是跨文化的，那么羞耻情绪的最基本含义应是一种被给予了负性评价的深刻的恐惧体验，且这种体验具有很强的动机性。

3）羞耻情绪的评估和测量

在 Robins 等（2007）对自我意识情绪的测量与评估方法及工具所做的系统回顾中指出，例如，按照评估和测量的方法来区分，对羞耻情绪的评估和测量大致有两类基本方法：一是基于个体主观报告的自陈问卷测量，这也是一直以来心理学家最常用的评估和测量羞耻情绪的方式，尽管不同学者偏好使用不同的问卷形式，或侧重评估羞耻情绪体验不同的成分（Tangney，1996）；二是对羞耻情绪相关的非言语行为（如低头或目光转移）的他评法，这一测量方法则是近期发展起来，仍处于修订和验证状态中，因而总体上是一种较少被采用的方法（Robins et al.，2007）。

另外一种测量和评估的分类方式是将羞耻情绪分为状态羞耻情绪测量和特质羞耻情绪测量，前者侧重于评估即时的情绪状态，后者则将羞耻情绪作为一种反应倾向或情绪特质来看待（Robins et al.，2007；Tangney，1996）。就特质羞耻情绪的概念而言，最有影响力的理论阐释当属 Lewis（1971）提出的羞耻易感性（shame-proneness）的概念。她指出，在面对负性的情境，尤其是带有评价性特点的情境时，有些个体总会倾向于体验到羞耻情绪，这些个体便被称为高羞耻易感性的个体。基于主观报告的问卷测量和非言语行为他评法都可应用于评估状态羞耻，但特质羞耻则主要还是依赖于问卷测量。

Tangney 和 Dearing（2002）进一步基于主观报告的自陈问卷工具将测量和评估分为 4 个类别：其一是基于特定情景的评估（situation-based），指的是个体阅读被研究者认为能激发特定自我意识情绪的情景，然后评定在这类情景中自己感受到的情绪强度。其二是基于假定情境的评估（scenario-based），指的是个体阅读一些情境，想象自己是这一情境中的主人公，然后在阅读情境后，列出的选择自己最可能出现的一些情感、认知或行为描述中的选项，或评定自己出现每一个选项中描述的情感、认知或行为反应的可能性。在这类评估类型中，最典型的代表是以测量羞耻易感性和内疚易感性为主要测量目标的《自我意识情绪问卷》系列（Test of Self-Conscious Affect，TOSCA）（Tangney，1990；Tangney et al.，1992；Woien et al.，2003）。这种评估形式和第一种评估形式的不同之处在于：个体被要求报告和评定的并非他们体验到的主观情绪感受程度，而是他们是否会有特定的认知想法或行为反应，而这些认知想法和行为反应则是研究者基于对羞耻或内疚情绪体验的现象学研究和相关理论挑选出来，认为可以反映出特定情绪的核心认知和行为特征的陈述。以 TOSCA 为例，代表个体出现羞耻情绪体验的典型认知想法是自责和渺小感，典型的行为反应倾向则是躲藏和逃避（Luyten et al.，2002）。其三是形容词检表类的评估（adjective-based），个体会阅读到不同种类的情绪形容词，然后根据指导语的不同，评定在此时此刻或通常的情况下，他们体验到这些情绪形容词的程度。在羞耻情绪评定中，较为常用的是《哈德个人感受问卷第二版》（Harder Personal Feelings Questionnaire-II，PFQ2）（Harder and Zalma，1990），这一量表包含 10 个与羞耻情绪相关的形容词，例如，尴尬、感觉被羞辱、感觉很愚蠢、感觉无助等。其四是基于具体陈述的评估（statement-based），即个体会阅读描述特定情绪的主观感受、认知或行为反应的句子，然后评定这句话和自己的体验相符的程度。在这一类型的测量工具中，在西方被试群体中经常使用的是《内化羞耻问卷》（Internalized Shame Scale，ISS）（del Rosario and White，2006）这一测量特质羞耻情绪的问卷由两个分量表组成，分别为内化羞耻问卷和测量整体负性自我评价的自尊问卷。在中国被试群体中经常使用的是《大学生羞耻量表》（钱铭怡等，2000），对应的英文版本则是《羞耻体验量表》（Experience of Shame Scale，ESS）（Andrews et al.，2002）。这一测量特质羞耻情绪的问卷将特质羞耻情绪分为个性羞耻、行为羞耻和身体羞耻三方面，其具体测量的条目则分别测量这三方面羞耻体验的主观情绪感受（如是否为特定的行为感到羞耻）、认知（如是否因为特定的行为而担忧他人的评价）和行为倾向（如是否产生回避行为）。

　　Tracy and Robins（2007）在回顾中发现，在评估和测量羞耻的自陈问卷中，使用较多的是基于形容词检表类的问卷、基于假定情境的自陈问卷。这两种主要的测量方法各有利弊，形容词检表类的问卷在施测上最为简便易行，耗时最短，表面效度也很高，但缺点是对个体的语言能力要求较高，并且很大程度上依赖于个体对特定形容词的理解；此外，由于要求个体去审视自己是否有羞耻的感受本身可能会是一种羞耻的体验，因而这类评估也可能容易诱发个体的防御反应而无法真实测量出个体的羞耻情绪体验程度（Tangney，1996）。基于假定情境的自陈问卷由于多涉及羞耻情绪体验的认知和行为成分，因而并不依赖于个体辨别和理解情绪词的能力，也相对较少诱发可能的防御反应，但其缺点是内部信度较低，且由于所选情境都是日常生活的情境，因而难以测量那些极端情境下（如被虐待或被严重羞辱的场景）的羞耻情绪体验（Tangney，1996）；此外，由于这类问卷中的情境和相应的认知及行为反应往往是在特定文化背景下选取的，例如，TOSCA 中的情境和选项就取自美国成年人和青少年的羞耻、内疚和自责的经历（Tangney，1990；Tangney et al.，1992），因而这些情境和相应的认知及行为反应是否具有跨文化一致性，也是需要探讨的问题。但鉴于情绪体验本身是复杂和多维的，因而在测量和评估羞耻情绪上，一个总体的趋势是，对其测量和评估本身也朝着多维度（如同时涉及其主观感受、认知、行为反应、生理唤起等）的方向发展。

　　2. 羞耻情绪与自我认知评估

　　鉴于羞耻情绪被认为是一种以自省和自我评价为核心的情绪，许多研究者认为，羞耻的产生和特定自我认知评估方式或风格有密切的关系（如 Lewis，2003；Lutwak et al.，2003；Tangney，1999；Tracy and Robins，2006，2007）。

1）体验羞耻情绪所需的认知能力

有不少发展心理学的证据表明，婴儿大概会在出生后的第二年年末或第三年年初，开始体验到包括羞耻情绪在内的自我意识情绪（Draghi-Lorenz，2001；Lewis，2003；Tracy and Robins，2007），并且在一开始，儿童的羞耻情绪体验常常是未分化的。有学者认为，个体进入青春期后才能真正将羞耻与其他类似的内疚情绪加以区别，而且在青少年人群中有这样一个趋势，即羞耻情绪越来越多地与归因、自我概念及自尊联系在一起（Reimer，1996）。

Lewis（2003，2007）从发展心理学的视角阐释了羞耻情绪的产生条件，他认为，相比愤怒、悲伤等基本情绪，自我意识情绪出现的更晚是因为其有赖于一些重要认知能力的发展，而有关宾我（Me）的认知，或称之为自我觉察或自我意识的认知，是产生包括羞耻情绪在内的自我意识情绪的关键认知。他指出，在自我意识情绪中，有一部分情绪在发展之初并不需要过多的自我评估，也是相对更早发展出来的情绪，包括尴尬、嫉妒和共情；随后，在个体3岁左右会发展出第二组关键的自我认知，包括对标准、规则和法则的理解，能将自己的行为同这些法则进行比较的能力，能自我归因的能力及能将注意指向自己或关注在任务上的能力，这些认知的发展则会产生所谓的更具自我评估性质的自我意识情绪，而羞耻情绪就是其中之一。因此，他进一步认为羞耻情绪的产生需具备三种以自我为核心的认知能力：首先是对指导行为的标准、规则和目标的认知，这些与个体身处的文化背景及团体有密切的关系；其次是个体能依照这些规则对自己的行为、想法和感觉进行自我评价，这个认知评价过程被认为对产生羞耻情绪极为重要；最后是自我归因的能力，即个体能够知觉到是自己造成了某种行为的后果，且在产生羞耻情绪时，这种自我归因往往是整体性的。

Gilbert（2003，2007）也提出了相似的观点。他指出，羞耻的认知能力包括对自我意识的觉知（我是我）、反省自我行为的能力及对自我做归因并给予自我正性或负性评价的能力。但和 Lewis 的侧重点略有不同的是，Gilbert 则更多将羞耻情绪置于人际关系的背景之下来审视，提出羞耻的产生不仅是以"自我认知"为核心的，更确切地说是以"自我-他人认知"为核心的，并认为至少有三种以"自我-他人"为中心的认知能力与羞耻的产生和感知密切相关，即象征性的自我-他人表征，心理理论及元认知能力。

2）羞耻情绪与自我认知评估

近20年来，在阐释羞耻情绪产生所需的自我认知评估类型或风格上，受到众多实证研究的支持，并占据西方羞耻研究主流的理论是 Lewis (1971) 提出的著名的"自我/自我行为"理论（Lutwak and Ferrari，1996；Niedenthal et al.，1994；Tangney，1991，1995，1999；Tangney et al.，1998；Tangney et al.，1992；Tracy and Robins，2006，2007）。Lewis 的理论主要从自我认知归因的角度来区分羞耻和内疚情绪，认为体验到羞耻情绪是个体将失败归因于整个自我的结果，而内疚情绪的产生则是将失败归因于具体自我行为的结果。Tracy 和 Robins（2006，2007）在最近提出的自我意识情绪归因模型中进一步发展了"自我/自我行为"理论，认为在面对与自我认同的目标有关但又与自我认同的目标不一致的诱发事件时，个体做稳定的、不可控的、全局的自我归因会引发羞耻情绪，个体做不稳定的、特定方面的自我归因则会引发内疚情绪，并用一系列实验支持了这一模型（Tracy and Robins，2006）。

但以中国被试为实验对象的研究却并不完全支持上述结论。这些研究在分析中国被试口头和书面报告的羞耻情绪体验时发现，中国被试虽然在体验羞耻情绪时倾向于做自我的内部归因，但并不总是做全局的和稳定的自我归因（如归因于自我特质），甚至有更高比例的归因属于特定的、不稳定的自我归因（如归因于自我行为）（谢波，1998；张黎黎，2008）；在要求被试回忆羞耻事件并同时对事件归因进行量化评定的研究中也发现，归因的可控性、稳定性与羞耻情绪的体验强度并无显著关系（高隽，2005）。这些结果显示，在中国文化下，羞耻体验的产生和特定自我认知评估的关系或许与西方有所不同。

这种差异可能的来源之一是不同文化在认知评估模式上的差异。例如，Scherer（1997）曾考察了包括中国在内的 37 个国家中，个体对包括羞耻情绪在内的七种情绪的诱发事件所做的认知评估上的异同。他主要使用了八种认知评估维度：新异性、愉悦度、对任务目标的重要程度、结果的公平性、事件的责任归属（归因于自我、亲密他人、一般他人、环境）、对事件结果的可控性和应对能力、事件结果与外在标准或规则的符合程度（即道德与否），以及事件结果与内在标准的符合程度（即自我理想目标，如自尊或自信的感受）。他发现，不同文化对特定情绪的认知评估在总体模式上是相似的，即在不同文化下，不同的情绪之间会对应不同的认知评估模式，这些模式具有跨文化的一致性；但文化的确会影响某些情绪和某些评估维度的使用。在八种评估维度上，文化差异体现得最明显的是事件结果与外在标准或规则的符合程度（即道德与否）、结果的公平性，以及责任的归属（确切地说是外在归因程度）这三个相对更复杂的认知评估维度，这种差异被认为可能是由不同国家的地理条件、经济社会条件和信念系统的差异所造成的。就羞耻情绪而言，Scherer 发现，在八种认知评价维度上，羞耻情绪的评估模式具有低水平的新异性，中等水平的不愉快感、中等水平的目标重要程度、低水平的公平性、低水平的外归因程度，需高度调用应对能力，中等水平的不道德程度，以及和自我理想的符合程度较低等特点。在羞耻情绪认知评估中，文化差异体现最为明显的是道德与否这个维度，相比拉丁美洲国家，非洲国家认为诱发羞耻情绪的事件更为不道德，其他地域文化之间的差异则并不明显。

在另一系列针对归因模式的跨文化实验研究中，Morris 和 Peng（1994）

发现，无论是面对动画场景或是真实的凶杀事件，中国被试相比美国被试更容易把事件发生的因素归结于环境因素而非做自我指向的归因。这两位学者认为，这种归因模式上的文化差异反映的是东西方文化下个体思维方式的差异，即东方文化是整体性（holistic）思维，而西方文化则以分析（analytic）思维为特征。

但这些研究所揭示的不同文化在认知评估模式的异同，并不能完全解释上文有关羞耻情绪和特定自我认知评估方式的实证研究中，所表现出的东西方文化差异。因此，另一种更有可能的解释是，这种差异更多反映的是东西方在引发羞耻情绪所需的特定自我认知评估类型上有一定的差异，而这种差异本质上是源于两种文化中个体自我表征和自我结构上的不同（Bagozzi et al.，2003；Li et al.，2004；Markus and Kitayama，1991；Tracy et al.，2007；Wong and Tsai，2007）。

已有大量的实证研究证明，在包括中国在内的东方文化背景下，占主导的自我表征和自我结构被称为互依自我的自我构念（self-construal），其相对的则是西方文化中多见的独立自我的自我构念（Gross et al.，2000；Gross and Madson，1997；Markus and Kitayama，1991；Mesquita，2001）。独立自我的自我构念的特点是将个体视为有独特内部特性的集合体，并且认为个体会根据这些独特的内部特性作出相应的行为；在个人发展的目标上，独立自我的自我构念的根本目标是与他人分离和维系自主性（autonomy），因而界定自我的重要元素是个人的内部特质、技能和特性，而非团体身份、角色和关系。相比之下，对有着互依自我构念的个体而言，在他们自我的结构中除了自己的特性、技能和特质，还包含亲密他人的表征和社会背景；在个人发展目标上，互依自我个体的根本目的是建立有意义的人际关系，并在人际关系中，界定自己的位置，同时维系人与人之间的联系，因而重要的他人关系和社会背景也会成为界定自我的重要元素。由于对于互依自我的个体而言，人际关系是自我重要的一部分，因此，在理解和评价自我的感受、想法和行为时，更倾向于从他人的视角，尤其是亲密或重要他人的视角来观察自己。具体到情绪体验上，这种自我表征和结构上的差异的一种可能体现是，互依自我构念的个体相比独立自我构念的个体在对情绪事件做认知评价时，对社会背景或重要他人的评价更为敏感，更易从他人的视角来评价自己（Gross et al.，2003；Gross and Madson，1997）。

如果把这一理论假设具体应用在羞耻情绪体验及其相关的自我认知评估过程上，可以得到的一个推论是：在自我认知评估类型上，除了对自我本身进行认知和评价外，互依自我的个体很可能会更多地从自我-他人关系的视角出发，以他人的视角来评价自己。事实上，从独立自我和互依自我的理论背景下来审视西方主流的羞耻情绪理论，无论是 Lewis 用以区分羞耻和内疚情绪的自我/自我行为理论，还是之后 Tracy 和 Robins 的自我意识情绪理论模型，其本身就带有较为浓厚的用独立自我构念来解释世界的风格，即相对而言把个体同其周围环境和其他人分割开来，个体被视为一个独立的行动者，既是羞耻情绪认知评价的主体，也是其对象。尽管有着精神分析背景的 Lewis（1971）也十分强调羞耻情绪所具有的人际特性，并认为早年重要他人的排斥和拒绝是羞耻情绪产生的重要来源，但她似乎更强调的是这种关系特性会被个体所内化，从而变成一种个体的自我特质或特性，即"自我-他人关系"最终还是变成"自我"的一部分，个体在体验到羞耻情绪时，关注的仍是自己眼中的自己。但对于具有互依自我的个体而言，在体验羞耻情绪时，不仅关注的是自己眼中的自己（即"我"评估"我"），很可能还会关注他人是如何看待自己的（"我"评估"别人"如何评估"我"）。因此，这些偏重"我"评估"我"的西方主流理论并不完全适用于互依自我占主导的中国文化下的羞耻情绪体验也是在情理之中的。

在将羞耻情绪置于人际关系的背景下，强调其具有的浓厚社会性色彩的理论阐释中（Gilbert，2003，2007；Gross and Hansen，2000；Gruenewald et al.，2007；Leeming and Boyle，2004；Trumbull，2003)，Gilbert 的生物–心理–社会理论（2003，2007）是比较有代表性的观点之一。Gilbert 认为，从心理进化学理论的观点来看，羞耻情绪的产生源于一种以自我为中心的社会威胁体系，这种体系是同个体之间的竞争行为，以及证明自己能被他人所接受和喜爱有关的。在这种社会威胁体系下，羞耻情绪成了一种警示信号，提示个体自己在他人眼中的形象是负性的，从而可能遭到对方的抛弃、孤立乃至迫害。Gilbert 进一步提出，进化过程会让人类产生一种特定的机制，他把其称为"维持社会性关注的潜能"（social attention holding potential，SAHP)，用以监控自己对他人的吸引力。这一机制会产生两种自我认知评估类型，分别对应两种羞耻类型：第一种类型的自我评估是外指的，即我觉得（或我体验到）别人会怎么来评价我；第二种类型的自我评估是内指的，即我自己是怎么看待作为社会一份子的自己的。在前一种评估中，个体关注的是他人眼中的自己，因此会产生"外化羞耻"；第二种评估则会导致"内化羞耻"，因为个体注意力指向的是自我内部，也因此和个体的记忆（如之前感到羞耻的情境）更为相关。他还认为，这两种类型的羞耻虽有重叠，但仍具有不同的认知、体验和调节过程（Gilbert，2003，2007)。首先，Gilbert 采用来自依恋理论的观察和研究来支持自己的观点。例如，婴儿能识别照顾者的面部表情信号，并对此作出反应。照顾者负性的面部表情会成为一种威胁婴儿安全感的信号，从而让婴儿出现退缩和焦虑的反应，而这种反应很可能就是羞耻情绪的原型，或至少表明人类从出生就已具备表征自己在他人头脑中印象的能力（Gilbert，2007)。其次，他也引证了一些生理学方面的研究。例如，与社会评价有关的情绪反应（包括羞耻在内）会引发特定的神经递质（如催产素）或激素（如皮质醇）的释放，以此来证明进化的压力会迫使个体寻求在他人头脑中创造积极的形象，且这种动机系统也具备了相应的生理和脑神经基础（Gilbert，2007)。

　　如果仔细考察在中国人群中所做的羞耻体验的现象学研究，那么可以发现其中的一些重要结果是和 Gilbert 的理论假设一致的。例如，在上文已经提到的，当体验到羞耻情绪时，中国个体会强烈地感觉他人在注视自己，希望得知别人对自己的评价，且羞耻易感性越高的个体对他人的负性评价也会更为担心（钱铭怡等，2001）。

此外，他的理论假设也得到了以中国个体为实验对象的两个实证研究的支持。证据之一来自张黎黎（2008）以中国大学生的自我认知与羞耻感的关系及临床干预研究为题的博士论文研究。在她对中国大学生就其羞耻情绪体验所做的半结构深度访谈和开放性问卷研究中发现，在与羞耻体验相关的认知评估中，个体报告最多的是对自己的负性评价，其次是对他人负性评价的担忧。在此基础上，她采用情境实验，在 502 名中国大学生中考察，在六种具体的羞耻情境下，两种负性自我评估认知类型（即对自我的负性评价以及对他人负性评价的担忧）与羞耻情绪体验强度之间的关系。这一实验要求被试在阅读羞耻小故事后，评定描述两种认知评估类型的陈述与自己感受的符合程度，以及评定在这一情境下自己的羞耻体验强度。

结果发现，两种认知评估类型与羞耻情绪体验强度均存在显著正相关；以两种认知评估类型为因变量，羞耻情绪体验为自变量所建立的回归方程显示，两种认知评估类型都能显著预测羞耻情绪体验，按照情境的不同，解释羞耻强度总方差在 27.6%~54.5%。此外，在张黎黎（2008）对高羞耻易感性个体所做的团体干预研究中也发现，在个体所报告的负性自我认知中，对他人负性评价的担忧更是占到总体负性认知的 63.2% 之多。证据之二来自汪智艳等（2009）对中美大学生羞耻情绪体验的跨文化比较研究。在对八名中国大学生和八名美国大学生的半结构深度访谈的分析中，研究者发现，在中国大学生所报告的认知中，对他人负性评价的担忧和自我负性评价的提及比例为 10∶14。这些结果表明，在中国大学生的羞耻情绪体验中，对他人负性评价的担忧，即"我"评估"别人"如何评估"我"的自我认知评估类型，和对自我的负性评估，即"我"评估"我"的自我认知评估类型相比，对羞耻情绪体验的产生很可能是同样重要的。

3. 羞耻情绪的适应性功能和病理作用

推动羞耻情绪研究的重要动力之一，无疑源于其在个体的心理发展和行使社会功能上，有着独特而重要的作用，作为一种强烈的负性情绪体验，羞耻情绪对个体的影响可谓一把双刃剑：一方面它是一种有效的行为调控机制和动机性体验；另一方面它则和心理病理症状的发展及维系有关。

1）羞耻情绪的适应性功能

精神分析理论及社会生物进化理论分别从不同的视角阐释了羞耻情绪的适应性功能。作为精神分析流派的开创者，弗洛伊德指出，作为一种强烈的负性体验，羞耻情绪能以适当的自我控制方式抵消渴望、冲动和驱力（Lansky，1995）。随着精神分析理论的发展，羞耻更多地被置于人际间的互动过程（如自体和客体的关系）之中来理解。例如，Levin（1971）认为自我暴露、他人的拒绝或对自我暴露和他人拒绝的预期都会激发羞耻情绪，因此，这一情绪能起到调控人际接触，保证个体不被客体拒绝的作用。客体关系学派和自体（self）心理学学派更是将羞耻置于自体和自恋（narcissism）的议题之下来审视。例如，在自体心理学背景下，Broucek（1981）提出，当婴儿发现母亲无法满足自己的需求，从而认识到母亲是一个和自己不同的"他者"，或发现自己无法控制环境，即丧失全能感时，婴儿产生的脸红、心跳加快、手足无措的行为表现都是一种原始的羞耻情绪，因此羞耻体验能促进个体意识到自己和他人的区别，适度的羞耻体验会提高自体和客体的分化，从而促进个体化进程。

和精神分析理论注重羞耻情绪在个体内部心理世界和其个体化进程中的作用不同的是，社会生物进化理论观点更多强调的是其能帮助个体在社会群体中生存并恰当地行使社会功能。除了上文提到过的 Gilbert（2003，

2007）的生物—心理—社会理论之外，Fessler（2007）论述羞耻在人类竞争和合作关系中的作用的观点也是较有代表性的。他认为，个体没有遵守某些社会文化行为准则会激活羞耻情绪，因此其能增进个体遵守某些构建合作基础的文化准则，从而保障整个群体的生存。他区分了两种羞耻形式：一是更原始的羞耻。它是现代社会中羞耻情绪的原型，其激活是因个体处于从属地位，这种羞耻情绪在认知上更简单，且不易受文化的影响，而这类羞耻的进化意义在于激励竞争，从而保证个体获取更高的地位，有更多生存下来的机会。二是被称为"遵规守纪者"的羞耻。其激活是因个体没有遵守某些社会文化行为准则，这类羞耻情绪作为一种社会监控机制和动机系统，其功能是增进个体遵从重要的社会文化准则，保障个体能在他人眼中建立更好的声望和"良好合作伙伴"的形象，同时也帮助个体能更好地判断他人是否是值得信赖的合作对象。Fessler 的观点和中国一些学者对羞耻情绪功能的阐释是类似的，二者都强调羞耻情绪作为一种行为规范机制的作用。例如，朱芩楼（1972）指出，中国的儒家文化即是羞耻情绪占优势的，孔子眼中的"恕己忠人"就有赖于羞耻情绪的发挥，儒家的行为规范更是以羞耻为其动力。金耀基（1992）也指出，羞耻情绪是中国人在社会化过程中控制意念和情绪的重要机制，道德性的羞耻具有激发道德性自律的功能，而社会性的羞耻则能推动人积极向上。

　　尽管中外学者皆从不同方面阐释了羞耻情绪在个体社会心理发展中的功能，但验证这些理论观点的实证研究却并不多见。精神分析理论的观点更多来自对临床病例的观察和回溯分析；而社会生物进化理论则会从比较心理学，以及对羞耻体验的文本分析和语义谱图分析的跨文化比较研究中，寻找支持理论假设的证据，例如，人类个体羞耻时的非言语行为中的转移视线、低头等和许多灵长目动物表现出的服从姿态类似；而在语义谱图分析中，相比西方文化，非西方文化中的羞耻情绪词语更多和服从、尊敬、羞涩等相联系，间接验证羞耻和从属地位的关联（Fessler，2007；Gilbert，2007），但总体上较少有来自其他类型的实证研究的证据。高隽和钱铭怡（2009）在回顾羞耻情绪适应性功能和病理作用的文章中提出了这一现象的三种可能原因：包括以往研究多重特质羞耻而非考察状态羞耻情绪，因而难以验证其作为情绪本身的功能；以往研究较少关注羞耻作为一种情绪信息在人际互动中的作用；文化的影响。

2）羞耻情绪的病理作用

更多的实证研究指出羞耻情绪和各种心理病理症状存在显著相关，包括低自尊（O'Connor and Berry，1999；钱铭怡等，1999），愤怒与攻击行为（Heaven et al.，2009；Tangney et al.，1992；Tangney et al.，1996），社交焦虑（Birchwood et al.，2006；Henderson，2002；李波，钟杰，钱铭怡，2003；李波等，2005；李波，钱铭怡，马长燕，2006），抑郁与自杀（Andrews et al.，2002；Ashby et al.，2006；Irons and Gilbert，2005；O'Connor and Berry，1999；Rubeis and Hollenstein，2009），进食障碍（Hayaki et al.，2002；Markham et al.，2005），B群人格障碍（Brown et al.，2009；Rusch et al.，2007；Watson et al.，1996）及虐待和创伤后应激障碍（Budden，2009；Lee et al.，2001；Talbot et al.，2004）等。

这些研究绝大多数是以自陈量表为主要研究工具，考察羞耻易感性和心理症状之间关系的相关研究，或羞耻易感性在心理症状及障碍形成中的中介/调节作用。以社交焦虑为例，研究者发现在中国群体中，社交焦虑量表得分与羞耻易感性量表得分存在中度相关（李波等，2003），羞耻易感性是社交焦虑病因模型中的重要中介变量（李波等，2005），而针对降低羞耻情绪的临床团体干预可降低个体的社交焦虑倾向（李波等，2006）。国外研究者也发现，个体的羞耻情绪和觉得他人对自己有负面评价的信念会导致个体出现人际回避行为，从而维持社交焦虑的症状（Birchwood et al.，2006）。

　　除了实证研究的证据外，研究者也提出一些理论假设来阐释羞耻情绪的病理作用，这类理论假设大致可分为两类。第一种理论是强调特质羞耻情绪。例如，羞耻易感性特点的病理作用。以抑郁症状为例，情绪归因理论学派认为羞耻情绪的诱发是对负性事件作出内部的、稳定的和全局的自我归因的结果，而这种特定的归因风格被认为是抑郁的重要致病因素；因而羞耻情绪的产生可能会进一步激化自我批评和抑郁情绪，从而在诱发因素和症状间起到一种调节作用（Mills，2005）。Bosson 和 Prewitt-Freilino 提出（2007）的以羞耻情绪驱动的自恋障碍模型也可被纳入这一范畴。两位研究者认为隐匿型自恋（covert narcissism）的个体通常有较高的内隐自尊，对自己有过高的期望，而当自己的表现与期望不符时，这些个体会将失败归因于自我的不足，因而经常会体验到羞耻情绪。为了不让自己体验到羞耻情绪，这些个体会压抑羞耻情绪，转而体验到过度的自豪感（hubristic pride）。但这种过度的自豪感并不能让个体免受羞耻情绪的负面影响，经常性的羞耻体验仍会导致个体的外显自尊下降，从而发展出以人际剥削和特权感为特征的隐匿型自恋。

　　第二种理论取向强调羞耻情绪是一种对应激的过度反应，从而导致病理症状的产生，这类理论还关注的是个体为防御过于强烈的羞耻情绪而作出不适应的行为反应，这些行为反应则会诱发或维系心理症状，或其本身就成为某种心理症状。例如，Trumbull（2003）提出，羞耻情绪是人际创伤的一种急性反应。他认为，在个体发展的过程中，重要他人对个体的肯定和赞扬会被内化到个体的自我表征中，而当个体发现自己在别人眼中是负面的或不被别人所接受时，个体便会体验到作为一种人际创伤性的羞耻情绪。这种作为应激反应的羞耻情绪一般有两种后果：一是带有抑郁情绪特点的麻痹反应；二是带有自恋特点的愤怒，这些反应的最终结果很可能是在重要他人处寻求妥协和和解，或通过报复的方式挽回受损的自尊。而过度的羞耻反应，或是对羞耻情绪调控失败会导致包括抑郁、自杀和攻击行为等在内的各种心理症状。Lee等（2001）提出的基于羞耻情绪和内疚情绪的创伤后应激障碍（Post-traumatic stress disorder，PTSD）模型也可划分到这一理论倾向。他们认为，发展和维系PTSD的重要因素之一是适应不良的自我表征和他人表征，而羞耻情绪和这些表征密切相关。他们对PTSD中常见的3种自我意识情绪作了区分：羞耻、内疚和耻辱，指出羞耻是自我责备型的归因。耻辱是他人责备型的归因。内疚则是和违反行为规范、伤害他人及渴望弥补的信念有关。如果创伤事件的表征激活了"羞耻图式"类型的自我/他人表征（即认为自我是有缺陷、软弱、无能、受虐的），那么个体就会体验到羞耻情绪及其相关的认知图式，并以此图式进行信息加工，结果是让个体体验到弥漫性的羞耻，以及出现基于羞耻的侵袭症状，进而导致个体采用回避和隐藏的行为方式来避免体验或暴露自己"让人羞耻的自我认同"。如果创伤事件所提供的信息和个体的自我/他人图式不一致，那么个体会体验到耻辱的情绪。这会让个体采用责备他人的归因方式来解释自我在创伤事件中地位的丧失和所受到的攻击，因而这些个体常常体验的情绪就是愤怒。

总体而言，当今理论和实证研究并未很好地整合羞耻情绪功能性的一面和病理性的一面，这种分野并不利于理解羞耻情绪在个体社会心理发展中起到的积极和消极作用。造成这一局面的原因除了以往研究过于重视特质羞耻，较少关注其在沟通中的作用及文化的影响之外，另外一个重要的因素是在当前有关羞耻情绪的理论和实证研究中，关注更多的是羞耻情绪的诱发条件和其现象学特点，而对个体如何调节羞耻情绪及其后果缺乏足够的论述和研究。

1.1.2　情绪调节

自20世纪80年代以来，情绪调节（emotion regulation）受到越来越多研究者的关注，并逐渐成为一个相对独立的心理学研究领域（Garber and

Dodge，1991；侯瑞鹤和俞国良，2007）。尽管对情绪调节的研究至少可追溯至 19 世纪精神分析理论对于防御机制的探讨（Gross and Hansen，2000），但实际上直至今日，情绪调节的概念并不统一，不同研究者在这个问题上有不同的理解，也据此提出了各自有关情绪调节的观点和模型。

1. 情绪调节的定义

早在 1991 年，Garber 和 Dodge（1991）就提出，"情绪调节"一词本身就是一个有歧义的词，可能隐含的意思包括情绪可能需要某些外部的调节过程来调节，情绪会调节某些外部的构念（如认知），或者情绪是一种特定的自我调节方式。Southam-Gerow 和 Kendall（2002）也提到了情绪调节概念的复杂性和多元性，并指出了与情绪调节这一概念相关的五个主题：①情绪既被视为行为的调节者，也被视为调节的心理现象。②情绪调节是通过内在和外在过程对情绪反应所进行的有目的地调控、评估和修正。③情绪调节是对情绪的动态调整，而非限制。④情绪调节的发展是个体先天特质和环境条件互动的结果。⑤适宜的情绪调节对于心理健康而言是必要的。

2. 主要情绪调节模型概述

1）情境应对策略模型

强调有关应激和应对的研究被认为是当今情绪调节研究的先驱（Gross and Hansen，2000），其中最有代表性的当属 Lazarus 等人的情境应对策略研究。Lazarus 等（1991）将应对界定为"当面对被评估（或知觉）为超过自己的资源上限或让自己资源处于满负荷状态的需求（如受到伤害、威胁或挑战的情况）时，个体所作出的试图掌控这些需求的努力"。Lazarus 等尤其强调认知评估在应激和应对策略之间所起到的作用。应对被认为主要行使两个功能：其一是改变导致应激的事件或情境；其二是调整应激事件或情境引发的情绪反应。并由此区分了两大类型的应对策略：以问题为中心的应对策略和以情绪为中心的应对策略，在其发展的测量问卷（Ways of Coping Questionnaire，WCQ）中，进一步区分了八种应对策略：问题解决策略、幻想、疏远、强调积极、自责、紧张缓解、自我隔离和寻求社会支持（董会芹，2007）。Lazarus等对应对的界定得到了广泛的认可，自20世纪80年代以来，据此编制的测量个体应对方式和策略的工具层出不穷，对应对方式及策略的具体分类也各有不同（董会芹，2007），以应对为主题的研究论文更是数以千计。

Lazarus等的应对模型并没有强调自己是一个情绪调节模型，而同样基于应对概念的Garnefski等所构建的认知情绪调节策略系统（2001）则明确强调自己提出的是一个情绪调节模型。Garnefski等认为，尽管个体所有应对的努力都可归在广泛的情绪调节范畴之下，但Lazarus的应对模型，尤其是区分以问题为中心和以情绪为中心的应对策略在方法学上存在问题，将应对策略分为认知应对策略和行为应对策略才是更为有效的分类。这些研究者把"认知应对策略"等同于"情绪调节的认知成分"，并借用Thompson的观点将它们理解为使用认知的方式来管理产生情感唤起的信息。在总结应对策略领域中前人的理论构建和概念测量的相关文献的基础上，Garnefski等编制了《认知情绪调节问卷》（Cognitive Emotion Regulation Questionnaire）（Garnefski and Kraaij，2006a；Garnefski et al.，2001；Zhu et al.，2008；朱熊兆等，2007），这一问卷包含了九个分量表，分别测量个体在面对负性事件时所使用的九种认知调节策略：自我责备（self blame）、责备他人（blaming others）、反复回想（rumination）、灾难化（catastrophizing）、转换视角（putting into perspective）、重新积极关注（positive refocusing）、积极重评（positive reappraisal）、重新关注计划（refocus on planning）和接受（acceptance）。在因素分析的基础上，Garnefsiki等进一步把前四种策略归为消极的认知情绪调节策略，后五种归为积极的认知调节策略。

　　尽管对应对策略的具体分类有所不同，情绪调节的应对策略模型往往关注如下几个问题：应对策略的界定和理论建构（Garnefski et al.，2001），从个体发展的角度看应对策略的发展和使用（陆芳和陈国鹏，2007），应对策略在具体应激情境下的有效性及影响因素（Auerbach et al.，2007；Baker and Berenbaum，2007），以及应对策略使用上的个体差异等（Blanchard-Fields et al.，2004；Feldner et al.，2004；Garnefski et al.，2004）。在这类情绪调节模型下，最常用来鉴别和测量应对策略的方法是问卷法，让被试报告在亲身经历或假想的应激情境下，所采用的应对方式和策略。

　　以 Garnefski 等编制的《认知情绪调节问卷》为例，研究者采用这一问卷考察了特定认知调节策略与某些心理症状和心理障碍（如焦虑和抑郁）之间的关系，以及不同群体在认知调节策略上的使用情况和差异，并普遍发现，使用特定的消极认知策略和焦虑、抑郁等心理症状及负性情绪的产生有正相关；此外，在具体策略使用上，存在性别和年龄的差异，但这些差异似乎并不稳定（Garnefski and Kraaij，2006；Garnefski et al.，2005；Garnefski et al.，2001；Garnefski et al.，2004；Zhu et al.，2008）。

　　2）过程模型

　　在当前情绪研究领域中，一个非常有影响力的模型是 Gross（2002）提出的情绪调节过程模型。Gross 把情绪调节界定为"个体对自己具有哪些情绪、何时具有这些情绪、如何体验和表达这些情绪并施加影响的过程"（Gross and Hansen，2000）。他还指出，情绪调节并非单纯指减弱负性情绪，情绪调节既可以是有意识的，也可以是无意识的，并且情绪调节本身并没有绝对的好与坏之分。这一模型认为情绪调节贯穿情绪反应的始终，而情绪调节策略的区别则在于这些策略在情绪反应时间轴的哪一刻对情绪产生过程起作用。按照起作用的时间前后顺序，Gross 归纳出了 5 种情绪调节策略：情境选择（指采取回避或趋近某情境的方式来调控情绪）、情境修正（指主动控制或改变情境）、注意调配（指选择对情境的某一方面施加关注）、认知改变（在所注意的某一方面所能被赋予的多重意义之中进行选择）和反应修正（在情绪反应倾向已经被诱发后再尝试对其有所影响）。他又把这五种类型的策略分为两大类：先行关注的情绪调节（antecedent-focused）和反应关注的情绪调节（response-focused）。前四种都属于先行关注的情绪调节策略，最后一种属于反应关注的情绪调节。他根据两种分属这两大类情绪调节的策略编制了情绪调节量表（Emotion Regulation Questionnaire，ERQ）用于测量表达压抑（expression suppression）（指的是抑制对于内在感受的外在表现，属反应关注策略）和认知评价（cognitive appraisal）（指的是改变对带有情绪唤起的情境的建构，从而降低情绪的影响，属先行关注策略）这两种认知策略（Gross and Hansen，2000；王力等，2006）。

在 Gross 的过程模型框架下，研究者感兴趣的问题包括不同的策略使用的结果（即对生理、认知、情绪体验和行为反应的影响）（Gross and Hansen，2000；李梅和卢家楣，2005，2007），不同策略的脑机制（Goldin et al.，2007；Ochsner and Gross，2005），以及个体差异问题（Gross and Hansen，2000；曹慧等，2007）。

一般来说，这个理论框架下的实验室研究范式的基本结构分为四部分：首先是测量情绪强度或其他变量的基线值；其次是教授给被试特定的情绪调节策略；再次是唤起情绪（使用电影、图片，让被试想象或使用标准化的情绪引发程序）同时让被试使用特定的调节策略；最后是调节策略结果的测量（如情绪强度，认知任务的表现）。另外，也使用问卷测量的方式来评估个体常用的情绪调节策略，然后考察这些个体差异的作用。

在以上两种研究取向中，考察最多的特定策略是认知重评和表达压抑。一个基本的发现是：认知重评是更为有效的调节策略，会降低情绪体验和行为表达，并且不会对记忆任务的成绩造成影响，提示其所消耗的认知资源更少；而表达压抑虽能降低行为表达，但无法降低情绪的体验，会降低被试记忆任务的成绩，而且还会增加使用这种策略的个体和其社交伙伴的生理反应（Gross and Hansen，2000；Richards and Gross，2006）。相比惯常使用表达压抑的个体，惯常使用认知重评的个体能体验和表达更多的积极情绪，更少的消极情绪，有更好的人际功能，和主观幸福感正相关联系（Gross and Hansen，2000）；在愤怒激发的实验条件下，更惯常使用认知重评的个体会体验到更少的愤怒，表现出更适应的心血管反应（Mauss et al.，2007）；在想象任务中，惯常使用表达压抑策略的个体所体验到的感觉及情绪细节也更少（Argembeau and Linden，2006）。Goldin 等（2007）则使用 fMRI（functional magnetic resonance imaging）考察这两种策略在大脑机制上的差异，发现尽管两种调节方式都降低了被试负性情绪的躯体表达，但认知重评策略比表达压抑策略更早出现前额叶皮层的激活，而表达抑制策略则会更多激活杏仁核。

3）病理模型

近年来，临床心理学领域中发展出了不少以情绪调节为核心的心理病理学/精神病理学模型 / 观点。这些模型/观点可分为两类：一是整合的模型/观点，即适用于所有心理障碍/症状；二是针对某一类心理症状/障碍的模型或观点。这些情绪调节的心理病理模型/观点主要持两种观点：其一，认为特定和/或普遍的情绪调节的失败/紊乱造成了心理症状/障碍；其二，特定的症状被作为一种适应不良的情绪调节机制。

在第一类模型/观点中，Bradley（2000）从情绪调节和心理病理学之间的关系出发，提出了一个整合的"大脑-心理"的情绪调节模型。她认为，遗传素质和后天经验因素会影响到个体是否容易体验到过度的应激或唤起。应激会导致个体使用不同类型的策略来调节，这些策略的选择则又会受到遗传素质和后天经验的影响。如果调控失败，这种应激所造成的痛苦就会持续存在，从而最终发展成为症状或障碍。在这一模型中，症状是个体的情绪体验和个体对这些情绪体验进行调节的努力的一种共同的反映。

在第二类模型/观点中，则包括抑郁症状被认为和低情感修复能力（即无法有意识地主动降低负性情感）、认知抑制能力缺陷、使用反复回想的调节策略有关（Auerbach et al.，2007；Austin et al.，2007；d'Acremont and Linden，2007），社交焦虑症状被认为和使用表达压抑策略有关（Kashdan，Elhai，Breen，2007；Kashdan et al.，2007），但由于这些基于实证研究的模型/观点多是对自陈问卷的结果做相关分析得出来的，再加上不同研究者使用的测量情绪调节缺陷的问卷在操作定义多并不统一，所以这类模型/观点或是笼统的，或是零散而不成体系的。

3. 小结

在当今情绪调节的研究领域，情绪调节在概念界定和测量上是相当多元与复杂的，这种多元和复杂有很大一部分来源于研究者对于情绪本身的不同理解和界定（Cole et al.，2004），也来源于研究者本身背景和研究领域上的差异。从情绪调节的定义上来看，Gross 提出的过程模型是所有概念界定中最为宽泛的，他认为个体进行情绪调节的过程贯穿个体情绪体验的始终，而情境应对模型和病理模型则似乎更多侧重考察在个体体验到某种情绪之后的情绪调节过程。面对这种在概念界定和测量上的巨大差异和模糊性，Cole 等（2004）提出，为了更为清晰地对情绪调节作操作化定义，一种可行的方式是作出两种基本的区分：首先，将情绪激活和情绪调节过程加以区分；其次，将情绪对行为和认知反应进行调节的过程与情绪被认知和行为反应所调节的过程加以区分。

尽管在概念界定、测量及所关注的问题上有所不同，不同的情绪调节观点和模型都从不同角度提出并证实：特定情绪调节策略的使用与心理健康的维系和心理病理症状的产生有密切关系，而且这些模型都不约而同地关注了认知评估过程在情绪调节策略选择中的作用。此外，有关情绪调节的实证研究表明，情绪调节的有效性也是一个多维的概念，不仅包括情绪主观体验的变化，还包括生理反应的变化、对认知过程的影响及对行为反应和人际功能的影响等。但需指出的是，现有的情绪调节理论模型都是非情绪特异性的，并不区分不同情绪之间在情绪调节上的差异。鉴于不同情绪在其诱发情境、生理、认知和行为反应成分上均存在显著的差异，对特定情绪的情绪调节及其有效性也必然存在差异，因而考察对特定情绪（如羞耻情绪）的情绪调节过程和策略的有效性，其间的个体差异及其和特定心理症状/障碍之间的关系无疑也是当今情绪调节领域中一个非常值得研究的方向。

1.1.3　现有理论及研究现状

截至 2015 年为止，系统阐述个体对羞耻情绪进行自我调节的理论和实证研究十分有限。大多数关于个体如何应对或调控羞耻情绪的理论阐释多侧重于在羞耻情绪激活后，个体会用何种反应模式来应对羞耻体验，而且也都不以情绪调节理论自称。例如，Lewis（1971）用精神分析中重要的防御概念来阐释个体对羞耻情绪的调节，她指出，除了压抑外，个体经常使用的防御方式包括遗忘（失忆）、与他人认同（如认同他人对自己的指责和攻击）、借体验其他更能为自我所接受的情绪（如内疚、愤怒等）来替代羞耻情绪体验。上文曾提到过的 Trumbull（2003）的人际创伤模型指出，个体有两种调节羞耻情绪的倾向：①是带有抑郁特点的麻痹反应，然后尝试在重要他人处寻求妥协和和解。②是出现带有自恋特点的愤怒，然后尝试通过报复的方式来挽回受损的自尊。Lee 等（2001）提出的创伤后应激障碍（PTSD）模型也指出了两种对羞耻情绪体验的应对模式：一是用回避和隐藏的行为来避免进一步体验羞耻情绪；二是采用责备他人的归因方式，因而常常会体验到外指的愤怒情绪。

Nathanson（1992）提出的羞耻情绪的"罗盘"模型（Compass of Shame）是现有理论中较为系统地阐释个体如何调控羞耻情绪的模型，这一模型是在Tomkins对羞耻情绪的界定和其脚本理论（script theory）的基础上提出的。所谓的脚本是指"一系列成型的法则，这些法则被用于解释、评估、预测、产生或控制情境"（Nathanson，1992；Elison et al.，2006）。罗盘模型描述了个体对羞耻情绪的四种反应模式：①退缩（withdrawal），指的是个体承认自己有指向自己的、负面的情绪体验，接受和羞耻情绪相关的认知评估信息，并且尝试脱离诱发情境，或出现回避反应。这种模式伴随的情绪体验可包括羞耻、悲伤、恐惧和焦虑，伴随的认知反应是觉察到自己的行为和/或个人特质是糟糕的，伴随的调节动机则是通过退缩来减少暴露在诱发情境中，从而降低羞耻体验。②攻击自我（attack self），指的是承认自己有指向自己的、负面的情绪体验，接受和羞耻情绪相关的认知评估信息，并将愤怒指向自己。这种模式所伴随的情绪体验可能包括针对自己的愤怒、鄙视或厌恶，伴随的认知包括觉察到自己的行为和/或个人特质是糟糕的，其调节动机则是通过诸如表现出自责、弥补行为、服从行为等反应，最终获得他人的重新接纳来控制羞耻情绪，尽管这种反应模式本身很可能会增强个体体验到的羞耻感。③回避（avoidance），指的是个体并不承认有指向自己的、负性的情绪体验，否认羞耻的相关认知评估信息，并通过分心的方式让自己体验不到负性的感受。这种反应脚本常伴随的情绪是中性或正性的感受。例如，感受到兴奋或愉悦，伴随的认知是并不觉察到自己的行动和/或特质是糟糕的，其调节动机是将自己的羞耻体验减少到最低的限度，或掩饰自己有羞耻的体验。④攻击他人（attack other），指的是个体并不一定会体验到负性的、指向自己的情绪感受，常常会否认羞耻相关的认知评估信息，并且会转而希望让其他人体验到负性的感受。伴随这种模式的情绪体验常常是指向他人或外部环境的愤怒，伴随的认知是外归因和责备他人或环境，其调节动机是通过将羞耻体验外化来减少体验到羞耻。例如，表现为在言语上或行动上攻击别人或环境。在四种反应脚本的关系上，退缩和攻击自我都是个体承认了自己体验到了指向自己的、负性的情绪体验，并承认与羞耻相关的认知评估信息，但两者有着不同的调节动机；而回避和攻击他人都是试图不承认指向自己的、负性的情绪体验，不承认与羞耻相关的认知评估信息，但两者在调节的动机及伴随的调节行为和认知上有所不同。尽管这一理论在20世纪90年代初便被提出，但直到最近，这一理论才被逐步应用于实证研究之中。例如，Elison（2006）等根据这一理论编制了《羞耻罗盘体验量表》（Compass of Shame Scale，CoSS），并初步验证了该理论对羞耻反应脚本的基本假设。

在实证研究上，具体针对个体如何应对或调节羞耻情绪的研究更是相当稀少的。其中比较有代表性的研究是钱铭怡等（2003）考察了中国大学生面临羞耻事件时，所采用的应对方式。这一研究的理论基础是从Lazarus的应对模型变化而来的Thoits的4因素应对模型，这个模型在Lazarus提出的以问题解决为焦点和以情绪为焦点的两维度模型之上，又增加了认知和行为两个维度。研究者选择了五个能激发羞耻情绪的情境，并让大学生被试在每个故事下评价十七种应对方式使用的可能性。这十七种应对方式是研究者在预实验中，根据另一组大学生所描述的自己在羞耻情绪体验中所采用的应对方式进行归纳，并比对了Thoits的4因素应对模型后最终确定的。研究发现，中国大学生在体验到羞耻情绪时，最常用的应对方式是接受事件结果、直接面对问题和让时间冲淡一切，最少使用的应对方式是否认和逃避。研究者还考察了高低羞耻易感性的个体在应对方式选择上的差异，发现高羞耻易感性更多使用回避、隐藏感情、祈祷和等待的方式，而低羞耻易感性的个体更容易使用寻求社会支持的方式。尽管这一研究并未深入考察具体调节策略的后果，但研究结果显示，中国大学生在面对羞耻事件时，所使用的应对策略是较为多样的。

另一有参考价值的实证研究是 Vleit（2008）使用质性研究方法考察个体如何从严重的羞耻事件中恢复过来的过程。研究者访谈了十三个曾成功应对严重羞耻事件的成年人，并使用扎根理论（Grounded Theory）对访谈的文本进行了分析。这位具有人本主义理论取向的研究者据此提出，个体从羞耻体验中恢复过来的核心过程是对自我的一种重塑，即"个体重新恢复和拓展他们积极的自我概念，修复和增强他们和外界的联结，并且增进他们的力量和控制感"。她还具体提出了个体重塑自我的五个途径，分别是：①联结（connecting），即个体离开退缩和孤立的状态，重新和朋友、家庭、社区或更高的精神力量建立更好的联结关系。②重新聚焦（refocus-ing），即个体将能量和注意力转移到能增进自信，抵消和羞耻相关的消极评价和无力感的目标、兴趣和积极的行为上。③接纳（accepting），即个体从回避的状态走出来，愿意面对和应对羞耻事件，尤其是面对和表达自己的强烈负性感受。④理解（understanding），即个体去寻找羞耻事件的意义，重构羞耻体验，寻求其积极的意义和价值。⑤抵抗（resisting），即个体用直接的行动和态度来保护自我不受外界的攻击，包括面质和挑战他人对自己的负性评价。研究者还总结了恢复过程的结果，指出当个体最终从羞耻经历中恢复过来后，他/她会体验到过去的羞耻经历已经不再那么痛苦，而幸存下来的自我会变得更为独立、更内控、更自信，也更接纳自我；即便会有残留的羞耻记忆，个体也会觉得这个经历已经是过去的一部分，是自己可以应对的。这一研究的特点在于，其本身带有较为鲜明的人本主义理论的价值观，把个体看作是一个能积极塑造环境，能将自己的力量最大化的积极主动的行动者，因而从一个独特的视角为个体如何调节羞耻情绪提供了有益的参考。

1.2 研究问题提出

　　从文献回顾中可知，心理学家对羞耻情绪的研究大致有两条思路：其一是对羞耻情绪体验本身的考察，这些研究从考察其现象学的特征开始，逐步深入至探讨诱发羞耻情绪的情境和认知评估条件，其行为反应倾向以及羞耻情绪在个体社会心理发展、日常功能行使及心理病理症状产生及维系中的可能作用；其二是文化比较的思路，考察在不同文化和社会背景中，羞耻情绪体验的各个构成成分的异同。在第一条研究思路的指导下，对羞耻情绪的研究更多将其纳入情绪的认知评价模型下，作为一种以负性自我认知评估为核心，需要较为复杂的认知过程的自我意识情绪来探讨；而在对其功能和病理作用的研究中，更侧重于研究特质性的羞耻情绪在各类心理症状和障碍的产生及维系中扮演的角色。在第二条研究思路的指导下，研究表明，文化对羞耻情绪体验的影响表现在多个方面，尽管有关羞耻情绪的跨文化比较研究在数量上并未多到足以形成较为系统而全面的结论，但在解释和预测羞耻情绪体验上的文化差异时，学者们都不约而同地认为，这些差异折射出的是不同文化下自我表征和自我结构上的差异。

　　尽管自 20 世纪 80 年代末起，对羞耻情绪的心理学研究逐渐升温，也得出了众多研究成果，但显然仍有不少值得深入探讨的问题。

　　问题之一是在负性自我认知评估过程上的文化差异问题。负性自我认知评估已被众多西方实证研究证明为激发羞耻情绪的核心认知过程，但以此为基础的羞耻的认知评估理论并未在中国实证研究中得到充分证实。另一方面，跨文化比较研究指出，在东西方文化背景下，自我表征和结构上存在重要的差异，且有众多实证研究提供了这方面的证据。这两方面的证据提示，值得进一步探讨在羞耻情绪的自我认知评估过程上的文化差异。具体到本研究所感兴趣的问题，即是在以互依自我占主导的中国文化背景下，探讨他人指向的自我负性评估过程，即"我"评估"他人评估我"的自我负性认知评估过程，在诱发和影响羞耻情绪体验中的可能作用。

问题之二是个体如何调节羞耻情绪体验。在以往对羞耻情绪的研究中，更偏重对诱发情境、认知评估过程和部分行为反应（主要是逃避、退缩和攻击他人）的研究，或是对特质性羞耻的考察，但鲜有涉及对个体如何调节作为情绪状态的羞耻情绪的研究。这和羞耻情绪本身的特性是有关系的，因为羞耻情绪首先是一种强烈的负性情绪体验，而且需要较为精细的、高度个人化的认知评价过程。这一特性导致相比一些基本情绪（如高兴、悲伤、愤怒）来说，难以在控制良好的实验室条件下诱发羞耻情绪状态，且由于西方文化对羞耻情绪的评价普遍更为负面，个体对羞耻情绪体验多有防御，因而以往研究或是更多对个体回忆中的羞耻体验进行回溯性的研究，或是对易于测量的特质性羞耻进行考察。但鉴于对情绪的自我调节也是情绪体验中的重要成分，对这一成分的忽视显然无益于更好地理解羞耻情绪体验及其在个体心理社会生活中扮演的角色。此外，研究在羞耻情绪的功能和病理作用之间存在较大的分歧，好似在完全讨论两种不同的情绪体验，而造成这种局面的一个重要原因是缺乏对个体如何调节羞耻情绪的系统研究。

近年来迅速发展的情绪调节研究领域已经提供了大量的证据表明，个体在面对特定的情绪时，会采用不同的调节策略，这一点也是为数不多的有关羞耻情绪调节的理论及实证研究所证实。这一领域的研究还表明，使用不同的情绪调节策略会在主观情绪体验、生理反应、认知过程等情绪体验的维度上产生不同的效益，因而尽管情绪本身是无绝对的积极或消极之分的，但情绪调节策略的使用确实会给个体的社会心理发展和心理健康造成积极或消极的后果。但截至 2015 年来看，这种对调节策略效果的系统研究恰恰是在羞耻情绪研究领域所缺乏的。此外，情绪调节研究领域的发展也为开展相关研究积累了有益的实验范式，并提出了评估情绪调节的一些重要指标。

　　本书拟考察中国大学生对于羞耻情绪状态的情绪调节过程及其调节效果。为了更清晰地界定情绪调节过程，本书采用 Cole 等（2004）的观点，对情绪调节进行如下的操作化定义，即将情绪体验分为情绪激活和情绪调节两个部分，并进一步将情绪调节界定为个体的认知过程和行为反应对被激活的羞耻情绪体验施加影响的过程。此外，本书对于羞耻情绪的理解和最基本的理论框架是情绪的认知评价理论模型（Scherer, 1999；Tracy and Robins, 2007），即认为羞耻情绪的产生是个体作出与自我认同目标相关的负性自我认知评估的结果，而且这种特定的认知评估过程也会影响到情绪激活后的情绪体验过程（Gilbert, 2007）。因此，本书也将考察负性认知评估过程对个体的羞耻情绪调节过程的影响。具体来说，本书拟考察两种核心的自我负性认知评估过程，即自我指向（"我"评估"我"）和他人指向（"我"评估"他人评估我"）的评估过程，对个体选择具体调节策略的影响。

　　由于对羞耻情绪调节过程的研究并不是一个成熟的研究领域，也没有过多成熟的理论或实验范式供参考。因此，在研究方法的选择上，本书拟采用质性研究和量化研究相结合的方式，二者都是心理学研究中常用的基本研究方法，相比之下，质性研究更多用于对尚不清晰的社会文化和心理现象作出解释性的理解，从而为进一步的研究提供线索和理论假设；而量化研究则更适用于对一个相对已知的社会文化和心理现象作出更为精确的描述或预测，多从具体的假设出发，通过实验和定量化的数据分析来检验理论假设的正确性（张黎黎，2008）。基于本书主题的特殊性，本书拟首先采用质性研究的方法，考察中国大学生个体在亲身经历的羞耻事件中，对羞耻情绪进行自我调节的过程。为了以更为开放和尽量不带假设地考察个体对羞耻情绪的调节过程，并尽量降低研究对象凭着自己对研究问题的理解来有选择性地报告体验或对个人体验进行组织的可能性，质性研究部分将更多让研究对象自由地回忆整个羞耻情绪体验的过程，通过事后研究者对研究对象所报告的主观情绪体验、想法和行为的分析来归纳个体对羞耻情绪的调节策略的选择及其效果，并在此基础上描述调节过程的全貌。

在质性研究的基础上，本书拟采用量化研究的基本思路，使用心理学实验法考察两个具体的问题，即在激活个体羞耻情绪体验的基础上，①考察特定的自我负性认知评估过程对个体认知情绪调节策略选择的影响。②特定的认知情绪调节策略对调节个体被激活的羞耻情绪状态的效果。在对情绪调节策略的划分上，本书采用情绪调节的情境应对模型中常用的一种区分方法，即把调节策略分为认知策略和行为策略，所谓的认知调节策略具体指的是"使用认知的方式来管理产生情感唤起的信息"（Garnefski et al.，2001），而在本书中，将其进一步操作化定义为"在个体唤起羞耻情绪体验后，用以管理羞耻情绪体验的认知方式"。选择重点考察认知调节策略主要基于以下考虑，第一，本书的基本理论框架是情绪的认知评价模型，这一模型的基本假设即是个体对情境所做的认知评估是产生和影响情绪体验的重要因素，所以本书的重点也放在对情绪调节过程中的认知成分上。第二，羞耻情绪本身是依赖认知评估且在认知过程上较为复杂的情绪，从以前的现象学研究中发现，个体在羞耻情绪体验中涉及大量的认知过程，且在跨文化比较中发现，中国被试比美国被试对羞耻情绪体验会进行更多的认知加工（汪智艳等，2009），因而推测在个体调节羞耻情绪体验的过程中，认知调节策略是更为重要的调节策略。第三，从心理学实验的操作和测量上来讲，认知策略要比行为策略更容易操作和测量。

在量化研究的具体方法上，本书拟采用两种实验方法来诱发个体的羞耻情绪体验：情境故事法和实验室任务法。二者是研究羞耻情绪时，最常用的两种实验方法，被证明能可靠地唤起研究对象的羞耻情绪体验。前者指的是让研究对象阅读被认为能诱发羞耻情绪体验的情境故事，通过让研究对象积极想象自己就是情境中的主人公来诱发羞耻情绪（Tracy and Robins，2006）；后者则通过在实验室中制造负性评价性的情境，让研究对象完成一项应激性的实验任务（通常为某种认知任务），通过给予任务失败的评价来诱发羞耻情绪（Gruenewald et al.，2006；Thompson et al.，2004）。这两种实验方法各有优劣：情境故事法的实施相对简单，在情境选择上比较自由多样，但由于在这种方法中，情绪的激活依靠的是研究对象的想象，对相关想法、生理反应和行为的报告都是基于研究对象的"假设体验"的结果，所以带有十分浓厚的理性思考的色彩，和真实鲜活的情绪体验仍有一定的差距。而实验室任务法相比情景故事法能更为真实地模拟研究对象在日常生活中的羞耻体验，但其缺点是因为有实验任务的限制，无法像情境实验法那样模拟多样的羞耻情境，而且出于研究伦理上的考虑，也不可能选择负性评价过于强烈的实验任务，因而在诱发的羞耻情绪强度上不会过于强烈。鉴于这两种实验法各有优劣，本研究拟在考察两个具体研究问题时，同时选用这两种实验方法，从而达到互相验证、互为补充的目的，以期得到较为稳定而全面的研究结果。

1.3 总体研究设想与研究设计

本书研究分成三个部分，每个部分都各由两个子研究组成，研究的整体框架概要图，如图1-1所示。

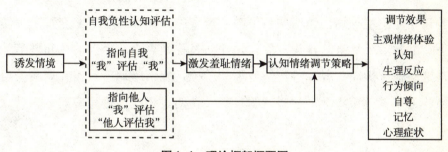

图1-1 理论框架概要图

　　研究的第一部分为质性研究，以半结构访谈和开放性问卷为具体方法，以中国大学生为研究对象，着重考察在中国成年人的羞耻体验中的两部分内容，其一是激发羞耻情绪的自我负性认知评估类型；其二是其采用的情绪调节策略和调节效果。研究的第一部分主要有两个目的，首先是对羞耻情绪的情绪调节过程有一个现象学上的认识，并初步比对这一现象学的图景与本书研究内容提出的研究框架的拟合程度，为后续的量化研究提出更具体和细化的研究假设提供参考；其次是从质性研究的结果中，结合现有的相关理论和实证研究结果，归纳和筛选出常见和/或具有重要理论意义的认知层面的情绪调节策略及调节效果的指标，从而为后续的量化研究提供进一步深入研究的情绪调节策略及衡量其调节效果的指标。研究的第二部分为实验研究，以情境故事法和实验室任务法为诱发羞耻情绪的方式，以中国大学生为研究对象，通过操纵两种能激发羞耻情绪的负性自我认知评估类型，考察特定的自我负性认知评估类型对个体选择特定认知调节策略上的可能影响。研究的第三部分仍为实验研究，同样以情境故事法和实验室任务法为诱发羞耻情绪的方式，以中国大学生为研究对象，在前两部分研究的基础上，选择中国成年人群体中2~4种常见和/或具有重要理论意义的认知情绪调节策略，通过让研究对象在羞耻情绪被激发的情境中，使用不同的认知情绪调节策略并评定其调节效果，来考察这些策略的有效性。

　　总体上，本研究尝试探讨三个关键问题：①在特定情境下，个体在羞耻情绪体验中采用的情绪调节策略类型和一般调节过程。②在特定情境下，激发羞耻情绪的自我负性认知评估过程是否会对个体的认知调节策略选用造成影响。③在特定情境下，不同认知情绪调节策略在调节羞耻情绪的多重效果指标（主观情绪唤起、认知过程、生理反应及行为后果等）上的异同。

1.3.1　研究一　羞耻情绪调节策略及调节过程的质性研究

1. 质性研究1　半结构深度访谈

质性研究1拟以半结构访谈的方式，邀请10~12名中国大学生回忆他们经历的2个具体的羞耻事件，期望通过深入的访谈收集个体在体验到羞耻情绪的特定情境下与激发羞耻情绪密切相关的自我认知评估，个体所采取的调节策略及其调节效果，从而勾勒出中国大学生对羞耻情绪进行情绪调节的基本过程图景。

2. 质性研究2　半开放性问卷调查

质性研究2拟使用半开放性问卷，对100~120名中国大学生进行调查，以期验证和拓展半结构访谈的结果，并进一步筛选用于后续研究的认知调节策略和效果指标。本研究分为两部分，首先是开放性问卷部分，拟邀请个体自由回忆一件特定的羞耻事件，并在此基础上让个体具体回忆并描述当时产生的想法、行为表现、其有意识地采用的情绪调节策略及个体感觉到的调节效果。其次，让个体以量化的方式对情绪体验强度、两种类型的自我认知评估（自我指向及他人指向）及调节效果进行评定，并填写测量特质羞耻的问卷。

1.3.2　研究二　特定自我负性认知评估类型对羞耻认知情绪调节策略选择的影响

研究二拟在两实验研究中分别使用情境故事法和实验室任务法诱发个体的羞耻情绪，同时操纵两种自我负性认知评估类型，考察两种认知评估类型对个体所选用的认知调节策略的可能影响。两个质性研究的基本实验流程图，如图1-2所示。

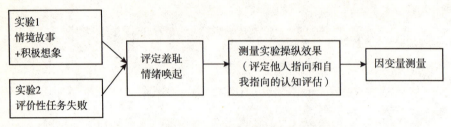

图1-2　研究二的两个实验研究的基本流程图

1.3.3　研究三　羞耻情绪的不同认知情绪调节策略的调节效果研究

研究三拟在两个实验研究中分别使用情境故事法和实验室任务法诱发研究对象的羞耻情绪体验，并通过让被试采用某种具体的认知调节策略，来考察特定认知策略在情绪调节上的效果。两个质性研究的基本实验流程图，如图1-3所示。

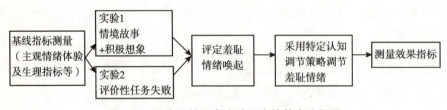

图1-3　研究三的两个实验研究的基本流程图

1.4　研究的创新性与意义

本书是首次在中国人群中系统考察个体对羞耻情绪的情绪调节过程及后果的实证研究，且从整个羞耻情绪研究领域来看，鲜有同类研究主题的实证研究，因而从研究问题本身来看，本书内容是具有较高探索性和原创性的研究。

　　就其理论意义而言，本书重点考察的是羞耻情绪体验中的调节过程，其结果本身将对羞耻情绪的心理学理解提供一个较有价值的补充和深化。此外，考虑到羞耻情绪在中国的个体发展，尤其是其社会化过程和在社会心理生活中起着重要的作用，因而本研究也必将有助于更全面地理解在中国文化下，作为一种有强烈动机性的负性情绪体验的羞耻情绪的面貌。

　　而就其应用价值而言，对个体如何调节羞耻情绪及其调节效果的深入研究也将有助于进一步澄清羞耻情绪的适应性功能和病理作用，并为理解与羞耻情绪相关的心理症状和障碍及做相应的临床干预提供一些有价值的参考。

　　作为一项实证研究，本书在方法学上，将情绪调节领域的实验研究范式同社会心理学领域情境故事的实验范式相结合，采用不同的心理实验方法诱发个体的羞耻情绪，利用不同实验方法的优势，同时相互补充彼此研究上的不足，因而本书总体的研究设计相对精巧并有一定原创性，实验生态学效度高且结果可靠。

第2章 研究部分

1.1 研究一 羞耻情绪调节策略及调节过程的质性研究

1.1.1 子研究1：半结构深度访谈

1. 问题提出

现有的理论和实证研究尚无法为中国人群如何在羞耻情绪体验中，对羞耻情绪进行调节提供一幅系统的图景。在这一研究现状下，本研究采用质性研究方法，希望对个体如何调节羞耻情绪有一个直观的理解，从而为之后的量化研究提供有益的研究思路和假设。

在质性方法的选择上，本研究选用的是半结构访谈。有关情绪调节的非特异性理论为本研究提供了一个基本的框架，即在特定情绪体验中伴随的认知、想法、行为和其他情绪体验都可作为某种情绪调节机制，而且这些调节机制既可以是个体有意为之，也可以是无意为之的。从这点出发，本研究的"结构性"主要表现在让个体自由回忆羞耻经历的同时，重点做三类追问：①在羞耻事件中，个体具体的主观情绪感受（包括羞耻情绪和其他情绪），生理感受、想法和行为表现。②个体有意识采用的调节策略和调节效果。③个体对羞耻事件的其他认知评价。例如，事件发生的原因和感到羞耻的原因。第一类的追问希望个体能在保持其内在回忆逻辑的基础上，更好地描述整个情绪体验过程，并给文本分析过程中，研究者鉴别调节策略和过程提供足够的信息。第二类的追问重点在考察个体自己意识到的情绪调节策略，并从当事人的视角去理解个体意识中的调节策略选用及其效果。第三类追问则更多关注和羞耻情绪唤起相关的认知评估部分。

　　本研究的"结构性"还体现在，要求个体至少回忆一个个人无能类型的羞耻事件。个人无能类型的羞耻事件指的是，个体因为某种失败而体验到的羞耻情绪，包括在竞争中失败、在他人面前暴露自己能力上的不足、社交场合出丑等这类非道德场景下引发的羞耻（Tangney，1996；钱铭怡和戚健俐，2002；张黎黎，2008）。重点询问这一羞耻事件类型主要有以下两个原因，首先，这类事件在中国大学生人群所报告的羞耻事件中占一半左右（张黎黎，2008），即属于大学生群体中常见的诱发羞耻情绪体验的事件，另一类常见的诱发事件则是违背道德的情境。其次，在之后的量化研究中，由于实验范式的限制，同样将采用个人失败的情境作为诱发羞耻情绪的情境，因此为和后续研究的羞耻情境保持一定的一致性，要求研究对象至少报告一个因个人无能而导致的羞耻事件。

　　在具体命名和分类特定的情绪调节策略上，本研究主要参考情绪调节的情境应对模型取向所提供的分类和命名方式。除了 Lazarus 提出的以问题为焦点和以情绪为焦点的分类系统外，在这一模型下还有另外两种被较多学者所使用的分类系统：初级应对和次级应对策略的分类，前者指的是个体试图去影响客观的事物或情境，或直接调节自己的情绪，例如，问题解决策略；后者指的是个体试图去适应和顺应环境，例如，接受策略（Compas et al.，2001），以及介入（engage）和非介入（disengage）应对策略的分类，前者指个体直接指向应激源或自己的情绪或想法的反应，例如，问题解决策略和寻求社会支持策略；后者指个体远离应激源或自己情绪或想法的反应，例如，认知回避和社交退缩策略（Compas et al.，2001）。而在对认知情绪调节策略的具体命名上，Garnefski等（2001）界定了九种认知调节策略：①自我责备（self blame），指个体因自己所经历的事情而责备自己的想法。②责怪他人（blaming others），指个体把自己所经历的事情归咎于他人的想法。③反复回想（rumination），指个体去想和负性事件相关的感受和想法。④灾难化（catastrophizing），指强调这一事件经历糟糕和可怕一面的想法。⑤转换视角（putting into perspective），指降低事件严重程度的想法，或强调和其他事件相比，这件事情并没有那么严重。⑥积极重新关注（positive refocusing），指个体想一些愉快或高兴的事情，而不去想负性的事件本身。⑦积极重评（positive reappraisal），指个体给这个事件赋予积极的意义，即能帮助自己有个人的成长。⑧积极重新计划（refocus on planning），指个体考虑应该采取什么方式来应对这一负性的事件。⑨接受（acceptance），指个体接受所发生的事情的想法。

2. 研究方法

1）被试

招募自北京两所大学心理学公开课程、并自愿参加访谈的本科生及研究生共16名，其中男生7名，女生9名。所有被试均为汉族。被试详细人口学信息列于表2-1。

表2-1　个体访谈被试基本人口学信息

编号	学校	性别	年级	年龄
I1	A大学	女	大三	20
I2	A大学	女	大三	20
I3	A大学	女	大四	22

续表

编号	学校	性别	年级	年龄
I4	A大学	女	大一	20
I5	A大学	男	大一	19
I6	A大学	男	研二	22
I7	A大学	女	博一	24
I8	B大学	男	大四	22
I9	B大学	女	大四	22
I10	B大学	男	大四	22
I11	B大学	男	大四	22
I12	B大学	女	大四	22
I13	B大学	男	大四	21
I14	B大学	女	大四	23
I15	B大学	男	大四	22
I16	B大学	女	大四	22

2）资料采集及研究程序

在两所大学的心理学类通选课程中，发布招募访谈对象的信息，访谈对象皆为自愿报名参加研究。在访谈当日，访谈被试首先签署知情同意书，然后根据访谈提纲开始正式访谈。访谈为一对一的形式，A大学的访谈均在该大学学生心理咨询中心的咨询室中进行，B大学的访谈均在B大学临床心理学研究室中进行，访谈地点具有高度的私密性，并保证在访谈的过程中不会受到外界打扰。每个访谈时间约为30分钟左右，最短的访谈为25分钟，最长的访谈为40分钟，皆全程录音。访谈结束后每位被试领取20元的酬劳。具体访谈提纲见附录2。

在介绍完访谈目的之后，正式访谈部分由三部分组成。首先是引子部分，询问访谈对象认为中国人在什么情况下会体验到羞耻情绪，这一问题主要是起到正常化羞耻体验，降低访谈对象防御的目的。其次是询问访谈对象亲身经历的两个羞耻事件，针对每一个羞耻事件都会做三类追问：①具体情绪体验、生理感受、想法和行为反应。②是否有意识地调节自己的羞耻情绪，以及主观感受到的调节效果。③事件发生的原因、感到羞耻的原因和事件对个体的影响。最后是结束部分，询问四个一般性的问题，以尝试让研究对象更多从认知层面去组织和反思自己的羞耻体验，从而平复在回忆中可能唤起的负性情绪强度：①最常诱发个体羞耻情绪的事件种类。②在羞耻情绪体验中个体最常出现的想法和反应。③个体用来调节羞耻情绪的一般策略和效果。④总体而言，羞耻情绪对个体的积极和消极影响。

3）文本分析

研究一的文本分析以质性研究中对资料分析的类属分析为主，即指在文本中找寻反复出现的现象和可解释这些现象的重要概念，然后对有相同属性的文本资料进行归类，并用一定的概念予以命名的过程（张黎黎，2008）。

文本分析的过程如下：①对所有录音进行逐字誊录，并将电子誊录稿和原始录音一一比对，保证誊录稿的正确性。②对电子誊录稿进行反复阅读，并在阅读过程中做阅读笔记，标注出重要的文本和研究者对文本的初步印象。③对文本进行初步的归纳和分类，反复比对最初归纳的类别，做合并、新增或删减类别，调整命名，以得到最终的文本归类。④对文本归类进行整理，分别以情绪体验的不同成分和个人特定情绪事件为纵向和横向框架来呈现文本材料。

3. 研究结果

研究结果部分将首先以半结构访谈中三类追问问题为基本框架来呈现结果，然后尝试以时间为序，串联出访谈对象所呈现的对整个羞耻情绪的调节过程。

1）羞耻事件类型

在16个访谈对象中（见表2-2），有2人只报告了一个具体的羞耻事件，1人报告的第二件羞耻事件是想象中的羞耻情境，2人在访谈中各报告了一个以内疚为主的羞耻事件，故进入进一步统计的羞耻事件共27个。

因访谈要求被试需要至少报告一个个人无能类型的羞耻事件，所以本次访谈中收集的绝大部分事件（25/27）是个人无能类型的羞耻事件。

表2-2　访谈对象所报告的羞耻事件主题及类型

编号	性别	事件1	事件类型	事件2	事件类型
I1	女	期末考试排名不佳	个人无能	公开做数学题没有做出	个人无能
I2	女	嫉妒他人成就	违背道德	公开场合做错事	个人无能
I3	女	说错话导致友谊破裂	个人无能	/	/
I4	女	与朋友就餐时失态	个人无能		
I5	男	英文课文没背出来	个人无能	雪天当众滑倒	个人无能
I6	男	做演讲被笑场	个人无能	长辈面前开啤酒划伤手指	个人无能
I7	女	谈话中被人忽视	个人无能	毕业典礼掉了帽子和鞋	个人无能
I8	男	重要考试成绩不佳	个人无能	公开场合失态	个人无能
I9	女	公开表演失误	个人无能	转学后英语成绩落后	个人无能
I10	男	无意透露好友的秘密	违背道德	公开演出时忘词	个人无能
I11	男	语文考试不及格	个人无能	/	/
I12	女	对他人发火被人指出	个人无能	/	/
I13	男	不会使用红外水龙头	个人无能	认错母亲	个人无能
I14	女	公开竞选失败	个人无能	公开场合打喷嚏失态	个人无能
I15	男	意识到说的知识是错误的	个人无能	专业成绩不好	个人无能
I16	女	公开场合跌倒	个人无能	/	/

表2-3则列出了访谈对象认为最常诱发自己羞耻情绪体验的情境。访谈

对象总体上在日常生活中更易因个人无能类型的事件而体验到羞耻（89.3%）。而在具体的事件主题上，除"自己的表现未达到自己预期"这一主题未明显包含从他人视角来评价自己，其他主题都不同程度涉及"别人给予我负面评价"的过程。

表2-3 访谈对象报告的最常诱发自己羞耻情绪的事件类型

主题	类型	频次
公开场合失态	个人无能	7
做错事情被（他人或自己事后）发现	个人无能	5
未达到重要他人的预期或未被认同	个人无能	4
弱点（如疾病）或隐私被暴露	个人无能	3
被他人指责或批评	个人无能	3
伤害他人	违背道德	3
自己的表现未达到自己的预期	个人无能	2
竞争失败	个人无能	1

2）情绪感受

在统计访谈对象所报告的羞耻事件中，所感受到的情绪及其强度（0~10+点评分）。羞耻类情绪强度的均值为6.81±1.85，统计结果表明总体而言访谈对象所报告的均是较为强烈的羞耻情绪体验。在羞耻类情绪中，除访谈对象将自己的情绪感受命名为羞耻外，另提到的情绪词还有丢人、丢脸、尴尬、不好意思、难堪和羞愧。除羞耻情绪外，在40.7%（11/27）的事件中，访谈对象也报告了其他情绪，主要提及的情绪包括悲伤（如失落、难受、伤心、郁闷），提及次数5次，平均强度7.5±1.66；内疚（内疚、愧疚），提及次数3次，平均强度8.33±2.08，以及愤怒，提及次数2次，平均强度1.5±0.5。

3) 认知

在对这部分文本的分析中，首先，按照访谈进程，将访谈对象在羞耻事件中所报告的所有认知过程和其内容摘录出来，同时对其进行初步的主题分类，其次，将其大致分为两类：一是涉及自我负性认知评估的想法，这类想法从事件的时间进程上，往往伴随着羞耻情绪体验同时出现，常可通过追问"在感觉到羞耻的同时，你的脑子里有什么想法或念头"来获得；二是不涉及自我负性认知评估的想法，这类想法可伴随羞耻情绪体验出现，但往往是在个体体验到羞耻情绪之后出现的想法，这些想法在本研究中被统一归为情绪调节类。

两种涉及自我负性认知评估的想法：其一是自我指向的负性评价，具体指个体直接对羞耻事件中涉及自己的行为表现的相关能力或个人特质，整个自我给予负性评价等，在27个羞耻事件中，有18个事件提及了这类想法。

(1) 自我指向的自我负性认知评估——"'我'评估'我'"。

● **针对具体自我行为表现的典型样例（15/27）**

I3-个人无能-事件1："我觉得当时很鲁莽，而且我是能克制住的，但那天不知道怎么回事。"

I6-个人无能-事件1："我刚才说的那一段不恰当。"

I7-个人无能-事件1："可能觉得如果自己不说话就好了。"

● **针对相关能力或个人特质的典型样例（3/27）**

I4-个人无能-事件1："我还会想，粗心这个毛病天天提醒自己，为什么老改不掉呢。我经常干这些事情。"

I12-个人无能-事件1："怎么又没有控制好自己……一直就知道自己有时候很急，想改变。就是改变不了。就会对自己改变的历程，感觉自卑。然后，觉得自己与人交往能力有问题。"

● **针对整体自我的典型样例（2/27）**

114-个人无能-事件1："觉得自己很差。"

115-个人无能-事件1："当时自己太幼稚太浅薄了。"

从内容来看，数量最多的是自我指向行为表现的负性评价，指向特质性或整体自我的负性评价相对较少；而从句式结构来看，这类认知评估一般都以"我"为主语，或省略主语，而宾语则是指代"我"的人称代词——"自己"，有的访谈对象还会直接使用第二人称"你"来指代自己，即从句式上也充分体现出了"我"评估"我"的认知评估过程。

此外，除了上述3类指向自己的内容外，还发现有一个访谈对象在报告的两个羞耻事件中均针对自己在群体中的位置或形象给予了负性评价。这类评估中虽然并没有出现作为评价者的他人，但隐含着作为比较对象或观察者的他人。

● **针对自我位置和形象的典型样例（2/27）**

18-个人无能-事件1："哎呀，原来自己的位置这么靠后。"

18-个人无能-事件2："牌子直接就倒掉了，哎。"

其二是个体尝试从他人的视角来对羞耻事件中涉及自己的行为表现、相关的能力或个人特质，或整体自我做负性的评价，这种从他人的视角来给自己负性评价的想法常常直接以一种读心术一般的想象形式出现，即个体直接以他人的口吻说出对自己的负性评价，或以一种担忧他人负性评价的形式出现。在27个羞耻事件中，有12个事件提及了这种认知评估。

（2）他人指向的自我负性认知评估——"'我'评估'别人评估我'"。

● **想象他人给予负性评价的典型样例（11/27）**

11-个人无能-事件1："别人是不是在想自己在玩，或者分心了，高三那会儿不是有很多早恋的，会想这孩子是不是也早恋了……我会考虑一下别人对我的看法，我会考虑一下老师是不是会想，这孩子怎么了，怎么考不好了。"

112-个人无能-事件1："就会想，他们又会怎么看我啊。觉得这个师姐好凶啊。觉得这个师姐性子好急啊。以后对我印象就有可能会不好。"

I14-个人无能-事件2："她会不会记得这个事情啊，然后别人会不会知道啊……她心里面在怎么想我，她会觉得我很奇怪吧，就是在揣测她的想法。"

● **担忧他人的负性评价的典型样例（2/27）**

I7-个人无能-事件1："就是很担心他会……很瞧不起你那种，是那样的。"

从内容来看，这一类评估多直接指向整体性的自我（如I12），或最终会从行为转到对整体自我的负性评价（如I14），这和自我指向的评估内容所表现出的趋势正好相反；从句式结构来看，这类评估多以从句形式出现，主句的结构多是"我觉得/考虑/揣测/想"，尽管访谈对象常常省略主句中的主语"我"，而从句中则以第三人称代词为主语（如别人，她，他们），宾语是第一人称"我"或以第二人称代词"你"来指代自己，即在句式结构上较为清晰地体现出了"'我'评估'别人评估我'"的评估过程。

（3）具体羞耻事件中的自我指向的负性认知评估。

统计访谈对象在具体的羞耻事件中出现自我指向和他人指向的自我负性认知评估及其具体评估内容的情况，以尝试从事件的视角来看待自我负性认知评估的过程（见表2-6）。首先，笔者发现在40.7%的事件（11/27）中，访谈对象同时提到了两类负性认知评估，这表明两类认知评估经常是同时出现的。其次，在仅报告一种类型的羞耻事件中，访谈对象多报告自我指向的认知评估（8∶2）。在仅报告他人指向的认知评估中，涉及的两个事件都为公开场所出丑或失态事件，且访谈对象都认为此事发生的原因是自己相对无法控制的，这可能是访谈对象并没有做自我指向的认知评估的原因。

此外，在I5-个人-事件1、I5-个人无能-事件2、I11-个人无能-事件

1、I13-个人无能-事件1和I16-个人无能-事件1这五个羞耻事件中，访谈对象没有报告任何一类的自我负性指向的认知评估。对这五个羞耻事件进一步分析后发现，其中有两个羞耻事件来自同一访谈对象（I5），他在第一个事件中报告当时的想法是"回去好好练口语"，在第二个公开场合出丑的事件中则报告没有任何想法，只是离开了现场，情绪自然缓解。另一个事件的访谈对象（I11）在整个访谈中仅报告了1个羞耻事件，当时的想法是"好好考，尽量考好一点"，并提到自己在日常生活中很少感到羞耻。剩余两个事件，一个事件发生在访谈对象（I13）小时候（13岁左右，认错母亲），访谈对象自述当时太小，在体验到羞耻时没有什么想法，但如果是现在可能会猜想被认错的人会怎么评论自己；另一个事件也为公开场合出丑的事件，访谈对象（I16）报告当时的唯一想法是"赶快离开现场，离开后情绪迅速缓解"，这和I5的第二个羞耻事件的情况是类似的。

从以下三个维度对认知情绪调节类想法进行归类：一是时间轴维度，即认知的内容是指向过去（已经发生的事件、他人反应或自己的状况），或指向现在（事件的现状、他人反应或自己目前的状况），还是指向将来（将来他人的反应、事件的走向或自己的状况）；二是自己-他人取向维度，即认知内容的主体是自己还是其他人（环境）；三是介入-非介入维度，即认知的意图旨在积极投入改变自己、他人反应或环境的努力之中，还是在于保持自己、他人和环境的原有面貌或从环境中撤离。

表2-4列出对27个羞耻事件中所有情绪调节类的认知进行归类的情况。

表2-4　知情绪调节类想法的分类及示例

时间指向	自我-他人	改变	调节策略示例
过去	自我	非介入	I10-个人无能-事件1："觉得可能不是自己做错了" I13-个人无能-事件1："当时是想，哇，这种事情也会发生（在我身上），多么好玩儿啊，可能会觉得比较有意思"

续表

时间指向	自我-他人	改变	调节策略示例
过去	自我	介入	I2-个人无能-事件2:"我会期望自己没有做那个事情,会比较后悔" I4-个人无能-事件1:"干嘛要来这么好的地方,就不该来"
过去	他人	介入	I9-个人无能-事件1:"地板要是再平整一点啊,或者说当天的鞋要是再舒适一点啊,然后那个板子要是再大一点啊,这个同学要是举的位置再好一点" I16-个人无能-事件2:"觉得其实一件小事嘛,大家也不一定特别注意呀"
现在	自我	非介入	I15-个人无能-事件1:"一方面会自己告诉自己,说这个应该没什么代价,也不用太在意"
现在	他人	非介入	I7-个人无能-事件1:"我对对方的不回应,我觉得多少有一点点,可能20%的责备吧" I8-个人无能-事件1:"哎呀,这是北大呀"
将来	自我	非介入	I2-个人无能-事件2:"想赶快离开这个地方" I9-个人无能-事件1:"没事无所谓,以后……不会对你有什么影响的"
将来	自我	介入	I5-个人无能-事件1:"要好好回去练练口语" I12-个人无能-事件1:"试图想改变他们这种看法。试图后面的语气都缓下来。和那个师弟把关系弄好"
将来	他人	介入	I8-个人无能-事件2:"之后,大家都忘了这些事情,只有我自己才会记得这么一次"

　　根据调节的目标对上述具体策略进行合并和重新分类,可以得到以下四大类调节羞耻情绪的认知策略。

　　第一,重新评价型策略(11条):这类策略的核心特征是个体尝试重新评价羞耻事件的严重程度,实质上是在尝试降低该事件对自我认同或自尊的伤害程度,这种认知上的重构类似认知调节策略中的转换视角策略(Garnefski et al., 2001),因而将其命名为转换视角策略。这类策略可包括改变自己给予自己负性评价的严重程度或合理性(现在-自我-非介入型),他人给予自己负性评价的严重程度和可能性(过去-他人-介入型),事件对自己未来的影响程度(将来-自我-非介入型)及他人在未来对自己有负面评价和印象的可能性（将来-他人-介入型）。

第二，改变自我型策略（13条）：即将来-自我-介入型策略，该策略的核心特征是个体尝试规划未来改善自己的可能措施，期望在未来改善自己在羞耻事件中的行为表现，相关的能力/特质或地位形象等，类似于一种积极重新计划策略（Garnefski et al., 2001）。在本研究中，本书将其命名为重新计划-自我改变策略。

第三，否认-攻击型策略（4条）：这类策略的核心是个体尝试将负性事件发生的原因归结于他人或环境，或拒绝承认影响自我认同的标准或规则是合理的，或攻击这种标准/规则或作为评判者的他人。这类策略包括否认策略（过去-自我-非介入型）和责备他人策略（过去-他人-介入型和现在-他人-介入型）。

第四，回避-退缩型策略（4条）：这类策略的核心是个体尝试幻想能消除自己糟糕的行为或干脆让自己消失，即在想象中让糟糕的自我在背景环境中"隐身"。这类策略可包括过去-自我-介入型策略，即希望自己没有做某个造成羞耻事件发生的举动，这既可以认为是一种反事实思维（Roese，1997），也可以认为类似一种自责策略（Garnefski et al., 2001），因而本书将其命名为反事实型自责策略。另外还包括将来-自我-非介入型策略，即个体尝试从环境中撤离，这可被认为是一种在认知层面的回避或逃避策略，因而本书将其命名为"幻想回避策略"。

同时，统计在具体羞耻事件中，不同认知调节策略使用的情况，发现在五个羞耻事件中，访谈对象没有报告具有调节作用的认知，其中四个事件是公开失态类型的羞耻事件，一个是在访谈对象年幼时发生的事件；在剩余的22个事件中，在一半的事件（11/22）中，访谈对象所报告的想法可被归为不止一种类型，表明在调节羞耻情绪时，同时采用多种认知调节策略是较为常见的；在具体调节策略的使用频率上，最常见的是重新计划-自我改变策略，在超过一半的事件中（13/22），访谈对象所报告的想法都可被归为此类，其次常用的是转换视角策略，在近 1/3 的羞耻事件（6/22）中，访谈对象都报告了此类调节策略。

4）行为反应

这部分的文本主要来自追问具体羞耻事件中，访谈对象所做的行为反应的内容。在具体追问时，从时间的角度询问了访谈对象在羞耻事件当时的行为反应及在羞耻事件结束之后，访谈个体作出和事件有关的行为反应。这些行为既可以看作是羞耻情绪的行为成分，又可视为个体调节羞耻情绪的努力，还可视为情绪调节的行为后果。

在当时行为反应中，最常出现的是掩饰行为（9/27），即个体尝试表现出自己并没有作出让人羞耻的行为，或不让别人能察觉到自己出现了情绪扰动。典型的掩饰反应包括掩饰性的笑容，假装从事其他活动，或语言表达自己对事情不在意。典型的文本示例包括：

17-个人无能-事件 1："应该会自然，我不会表现出来。很自然，就是他们没有回应，然后我可能会跟边上的人，另外一个人说话，我就不参与到对方之中，然后尽量让整个过程都很自然。"

18-个人无能-事件 2："我也跟着（同学）一块笑了。"

另一种常见的行为反应是继续从事当前的任务（8/27），特别是在有他人在场的情况下，这种反应常伴随掩饰反应出现。典型的文本示例包括：

16-个人无能-事件 2："就是说……也没事，该干什么就干什么，首先要止血啊。"

114-个人无能-事件 1："我后来还是硬着头皮上去自我介绍。"

此外，还出现的行为反应是补救行为（4/27），包括当场尝试挽救糟糕的表现，向他人道歉或解释自己失误的原因；离开现场（3/27），指迅速撤离羞耻事件发生的公开场合；求助（2/27），指寻求周围人的帮助来解决自己目前窘境；攻击他人（2/27），指质疑他人对自己的责备或标准的合理性；承认错误/能力不足（2/27），指向他人承认自己无法完成任务或犯了错误；转移注意力（1/27），指通过做其他的活动来让自己不去想羞耻事件。

事后的行为。在诱发羞耻情绪的原始事件已经结束之后，在近1/3（10/27）的羞耻事件中，访谈对象报告不会再有任何和这一事件有关的行为。对于剩下近2/3的羞耻事件而言，尽管原始的羞耻事件已经成为过去，但其影响并未结束，因而他们仍然会作出一些和原始的羞耻事件相关的行为。这些行为既可以看作是羞耻事件和个体调节羞耻情绪的行为结果，也可以看作是一种继续调节残余羞耻情绪的努力。

在这些后续行为中，出现最多的是弥补（10/27）行为，指个体努力改善在羞耻事件中糟糕的行为、能力或特质，或他人眼中的糟糕的自我形象，或杜绝再出现令人羞耻的行为或暴露自己糟糕一面的可能性。典型的文本示例包括：

I1-个人无能-事件1："（访谈者：你在事后做了什么？）大量做题。"

I8-个人无能-事件2："事后，事后……尽量减少这个动作（指让访谈对象羞耻的动作）再发生。"

I10-个人无能-事件2："然后，那天（事后一周）开完会，我还跟他开玩笑说师姐今天有没有进步呀？然后他说，嗯，师姐今天有进步。然后事情就算OK（过去了）了。"

其次是寻求社会支持（4/27）行为，指访谈对象向自己所信任的人讲述所发生的羞耻事件，寻求对方的安慰和支持，或由对方指出这件事情没有那么严重，自己没有那么糟糕。典型的文本示例包括：

I7-个人无能-事件2："下来之后我发现我的同学，其实他就在我之前上台的，他不知道，后面的人我不认识，我下去我和同学说这件事情，他说……就……不以为然，所以这件事情我不可能（觉得很严重）。"

I12-个人无能-事件1："然后，我可能会回去之后，通过和室友倾诉来缓解……我室友一般都会帮我。因为我室友是很了解我的性格，她们会知道其实我之所以会急，是有背景的……她帮我分析完之后，我觉得，可能也是给自己一个心理安慰吧。"

访谈对象还报告了与寻求社会支持行为相对的一种人际行为，即疏远关系（4/27）行为，指个体尝试远离或逃避让自己感到羞耻的重要他人（常是在个体眼中评判个体或对个体有期望的对象），或不再主动和对方交往。典型的文本包括：

I13-个人无能-事件1："我对整个这个友情开始否定，我开始想躲开他们这个圈子……感觉这个圈子开始让我疲惫，我觉得再在一起就会让我想起我有过羞耻感、愤怒感和痛苦的事情……想放弃这个圈子。也许不是说彻底消失，而是不再敞开心扉，不再把他们当朋友了。"

I14-个人无能-事件1："后来就是我们部长做主席了，然后我每次见到他都不太好意思……那个情绪会越来越弱，但是总是会有一种不想见到他的感觉，因为觉得他见过我那样子的分数或者因为他也是面试官嘛，他见过我那么糟糕的表现……就是你不会把他纳入和自己很近的一个人群里面，你还觉得，他知道我这个事情，以后还是少点和他见面比较好。"

此外，有的访谈者还会表现出一种退缩反应（4/27）行为，即不再努力投入让其曾感到羞耻的领域，就好像放弃再"经营"这部分的自我认同；或回避有可能让自己出丑的环境，并伴随对这种行为的合理化；或会在其他相关领域努力提高自己，就好像是一种补偿行为。典型文本示例包括：

I4-个人无能-事件1："（访谈者：你觉得这个事情之后会让你不去大的餐厅吗？）不是特别想去了，要去我也会先去看看有没有筷子。"

18-个人无能-事件1："之后……我有一段时间想好好学……然后，之后上课还是睡觉了。还是一样的，化学没考好。（访谈者：所以你之后，你有主动去看书，或者做这些事情了吗？）嗯……之后更少了一点，其实。（访谈者：其实更少了？）还是上学期，上半学期还看得更多一点。（访谈者：嗯，这是为什么呢？）因为当时是特殊情况，有点……当时玩得比较多。"（访谈者：你之外还做了些什么事情呢？）其他方面？（访谈者：嗯，跟这个事，可能和这个考试有关系的，你会觉得）跟……普化考试，可以，可以不提普化考试么？（访谈者：呵呵，那你还做了什么呢？）啊……其他（科目）的话，还是挺有，有一点用功的吧。"

最后，如果羞耻事件又被其他人提起，那么访谈对象往往会出现掩饰（2/27）行为，即以开玩笑或轻松的口吻来降低这件事情的严重程度，或不让其他人察觉到自己的羞耻感受，尽管访谈对象在心中仍有残留的消极情绪感受。典型文本示例包括：

19-个人无能-事件1："之后吧，之后当玩笑了。然后，可能，如果他们想起来了，比如说我们那会还出过这么一个事的时候，（我会）说'是啊是啊是啊，我还踢飞了呢，我以后再也不踢塑料板了'，可能就是这样。（访谈者：你会说一下，会直接把这件事情当作一个玩笑来说一下，对吧？）可能有掩饰的这种……夹杂。肯定是后悔的，然后……但是后悔也没辙，不如把它当笑话。"

I10-个人无能-事件2："就是他们聊起这件事，虽然表面上很happy（高兴），就当笑话那样说，但其实内心还是比较……毕竟这还是有点放不下，因为真的好像是非常非常伤心。"

5）个体有意识地进行羞耻情绪调节策略及调节效果

这部分的文本来自于追问访谈对象在具体羞耻事件中，会主动采取哪些方式来调节自己的羞耻情绪及其调节的效果。由于追问时只是大致地问访谈对象觉得调节羞耻情绪的效果怎么样，因而大多访谈对象都只回答了主观感受这一层面的调节效果。

在27个羞耻事件中，有10个事件访谈对象报告没有主动调节羞耻情绪。表2-5列出了在剩余的17个羞耻事件中，访谈对象所报告的有意识调节羞耻情绪的方式、提及的频率及这一策略的调节效果。在8个事件中访谈对象提及不止一种策略，故每提及一种策略即单独计算一次。

除了之前在认知和行为结果部分定义的调节策略外，在这部分中访谈对象新提及了反复回想调节策略，指的是个体反复回想在羞耻事件中自己的行为和他人的反应。

从表2-5可见，在使用具体调节策略的种类和频率上，访谈对象更多报告使用行为调节策略而非认知调节策略（20∶9），而且在这些行为调节策略中，以回避或撤离的方式来消除羞耻情绪对自己的影响的调节策略占了一半，例如，转移注意力、掩饰和离开现场；而在提及的有意识使用的认知调节策略中，最常用的是转换视角类型的调节策略，也占到认知调节策略的一半左右。

在13种访谈对象所报告使用的调节策略中，相比之下调节效果（主要指缓解羞耻情绪的主观感受）更好的是转换视角-自我影响、求助、重新计划-自我改变策略；调节效果其次的是补救/弥补行为和责备他人策略；相对无效的是离开现场、疏远关系、反事实型自责和反复回想；对转移注意力、掩饰、社会支持和转换视角-他人评价这4种策略的评价则有好有坏。总体而言，大多数报告的调节策略在缓解情绪体验上都并非绝对有效。

表2-5 有意识地进行情绪调节的策略种类、提及频率和调节效果

策略	类型	频率	效果
转移注意力	行为	5	3个事件中有效缓解情绪 1个事件中效果一般 1个事件中短期有效缓解情绪，长期有副作用

续表

策略	类型	频率	效果
掩饰	行为	4	1个事件中有效缓解情绪 1个事件中效果一般 2个事件中无效
补救/弥补行为	行为	4	1个事件中补救无效，加剧羞耻 3个事件中有效
转换视角-自我影响	认知	3	3个事件中有效缓解情绪
社会支持	行为	2	1个事件中有效缓解 1个事件中加剧羞耻
求助	行为	2	2个事件中均有效缓解情绪
转换视角-他人评价	认知	2	1个事件中有效缓解情绪 1个事件中效果一般
重新计划-自我改变	认知	2	2个事件中均有效缓解情绪
离开现场	行为	1	无效
责备他人	行为	1	有效让个体不去反复想糟糕成绩
疏远关系	行为	1	无效
反事实思维型自责	认知	1	无效
反复回想	认知	1	加剧羞耻情绪

同时，笔者也统计了在具体的羞耻事件中，访谈对象报告的有意识使用的情绪调节策略及调节效果。综合策略的使用和调节效果来看，可发现的一个有意思的趋势是，对于采用不止一种调节策略的访谈对象而言，常常是因为前一个策略无法有效调节羞耻情绪，甚至加剧羞耻情绪或产生其他负性情绪（如愤怒），所以访谈对象会继续采用不同的调节策略来调节情绪。

6）其他认知评估：归因和感到羞耻的原因

这部分的文本来自于追问访谈对象具体羞耻事件发生的原因及他们感到羞耻的原因。

第一，归因。在问及羞耻事件发生的原因时，81.5%（22/27）的访谈对象认为，自己应该为这件事情的发生负责。22.2%（6/27）的访谈对象认为除了自己之外，其他人或环境因素也是羞耻事件发生的重要原因。剩余18.5%的访谈对象则认为羞耻事件之所以发生，完全是因为自己之外的客观因素。

在认为自己需对事件的发生承担责任的访谈对象中，绝大多数访谈者（17/22）认为，是自己的某种糟糕的行为造成了事件的发生。例如，自己状态不好（I1-个人无能-事件2："想状态不好，或这次题恰巧是我不太擅长做的"），准备不足（I8-个人无能-事件2："之前没好好学，还有没有好好复习"），行为方式不对（I16-个人无能-事件1："发生的原因，首先就是只能说是你走路方式的问题，然后就是，要么就是自己控制的问题"）等。剩余的访谈者（5/22）认为是自己的某个长期存在且不易改变的个性特点或能力不足造成了事情的发生。例如，数学能力不佳（I1-个人无能-事件2："因为长期以来我就觉得我自己的数学不好，是很长久的事情"），个性急躁（I12-个人无能-事件1"还是我的本性比较急"）等。

在认为事情的发生是自己和其他因素同时造成的事件中，一种代表性的归因方式是归因于人际关系或互动。例如，让自己感到羞耻的重要他人和自己的关系或互动出了问题，没有互相理解（I3-个人无能-事件1："（访谈者：你觉得这件事之所以发生的原因是什么？）没有互相体谅。"）或彼此的观念不合（I6-个人无能-事件1："我觉得是自己说话不恰当，或者说我的……我平常以为一些无伤大雅的事情啊，他们觉得这个……就是说他们一些看法和认知观念和我不一样"）。

在提及事件的发生并非由自己所造成的羞耻事件中，访谈对象均会归咎于自己无法控制的客观因素。例如，教育环境问题（I9-个人无能-事件2："因为我们，我是从××市转学到北京，然后就是大概四年级过来，然后××市特别不重视英语教学，到了北京完全傻掉了"）或客观环境原因（I13-个人无能-事件2："灯光，我怎么那么喜欢把原因归结为物质的关系，呵呵。我觉得就是灯光太暗了，不能怪我"）。

第二，感到羞耻的原因。在访谈中，笔者进一步追问了访谈对象在事件中感到羞耻的原因。这部分的原因大致可分为三种类型。

第一类是因为自己的行为违背了某种道德要求或行为标准，典型文本示例包括：

I2-违背道德-事件1："嫉妒是一种不好的情绪。"

第二类是因为自己的某种无能或自己的表现没有达到自己的预期，且在后一种情况下，访谈对象同时也常常提到没有达到他人的期望，典型文本示例包括：

I9-个人无能-事件1："演砸了，就是演砸了，然后没演好。然后就是达不到预期的那种，啪一下，然后台下'喔，好棒哦'这种效果，肯定是遗憾了。"

I12-个人无能-事件1："我觉得我说的就是和我的期望有差距，我觉得我不应该这么做。原来我没有资格对师弟发火，也不应该对人家发火。然后，就觉得对自己很失望吧。别人对我的期望就是，也是期望我在关键的时候担当起挑大梁的责任来。然后，我也没有做到。反而对那个师弟发火。"

第三类的原因均是和他人有关的。例如，因为事件的结果没有达到他人的期望从而使他人对自己的评价降低，或没有被他人认同从而担心被人排斥，或把自己不够好的一面暴露在他人面前，降低自己的形象，或自己过于重视他人的评价。这种类型的原因也是被提及频率最多的原因，典型文本示例包括：

I1-个人无能-事件1："就是别人对我的期望太高，我没有达到别人对我的期望，我会觉得是对自我能力的否定，也许没有到那么严重的程度，但我会觉得别人对自己的评价会降低一下。"

I14-个人无能-事件1："会觉得被别人排斥，会让人觉得和他们有差距啊，觉得你低人一等啊。"

I16-个人无能-事件1："然后如果要是，不把这个当回事的话呢，实际上也不会有羞耻的，就是因为比较在意自己在外面的形象吧。（访谈者："你觉得羞耻感是因为你比较在意别人怎么看你，所以你才会羞耻是吗？）嗯。"

同时，笔者对比了在具体羞耻事件中，访谈对象所做的事件归因和感到羞耻的原因（见表2-6），发现尽管81.5%（22/27）的访谈对象做了自我指向的归因，但当问及感到羞耻的原因时，59.3%的访谈对象除了提及指向自己的原因外还提及了他人指向的原因，18.5%的访谈对象只提及了他人指向的原因，这和只提及指向自己的原因的比例是同样高的，即总共有77.8%（21/27）的访谈对象认为自己之所以感到羞耻是和他人的评价、期望、印象或在场有关的。

7）具体羞耻事件视角下的羞耻情绪唤起和情绪调节过程

之前的分析结果均根据羞耻情绪体验和调节过程中的不同成分，对访谈对象所报告的体验内容进行分析和归类，这种分析方式能较好地剥离出羞耻体验中某一特定的构成或调节策略的面貌，但却无法看到在一个特定的羞耻事件中，个体如何从羞耻情绪唤起到对羞耻情绪进行调节直至情绪事件以某种方式成为过去记忆中的一部分这一整个过程的面貌。在下文中，笔者将尝试以情绪认知评价模型为总体分析框架，对之前访谈对象在羞耻情绪唤起和羞耻情绪调节过程中，所做的分类在具体的羞耻事件中还原，以期从情境的角度，勾画出整个羞耻情绪唤起和情绪调节的过程，尤其是不同情绪体验构成部分之间的相互影响。

表2-6列出了在27个事件中，访谈对象所报告的羞耻情绪唤起和调节过程。考虑到羞耻事件的类型可能会对整个羞耻情绪的唤起和调节有一定的影响，因而表2-6是按照羞耻事件的类型和其主题进行排列的，以方便比对事件类型对羞耻情绪体验和调节过程的影响。前两个羞耻事件为违背道德类型，其余的个人无能类型的羞耻事件则按照其所涉及的事件主题大致分为考试失败、非考试的学业失败、非学业的竞争失败、公开场合的出丑和失态、人际关系失败5个小主题。有2个个人无能事件无法归入上述任何一个主题，则列在表的最后，如下表2-6所示。

表2-6 具体羞耻事件中羞耻情绪唤起和情绪调节过程

编号	性别	事件主题（事件序号）	羞耻情绪的诱发所涉及的认知过程					羞耻情绪的情绪调节过程			
			归因	负性评估 自我	负性评估 他人	羞耻的原因	认知调节策略	当时行为	事后行为	有意调节策略	效果
I2	女	嫉妒-道德（1）	自我行为	行为	无	违背道德	重新计划	转移注意力	无	转移注意力	缓解情绪一般
I10	男	泄密-道德（1）	自我行为 他人行为	行为 特质	无	违背道德	否认 重新计划	攻击他人	无	无	/
I1	女	考试失败（1）	自我行为	行为	整体	他人期望 他人负评价 他人负评价	重新计划	掩饰	弥补	转换视角-自影 重新计划 弥补行为	有效缓解羞耻
I8	男	考试失败（1）	自我行为	地位	无	自己负评价 他人负评价	责备他人 接受	攻击他人	退缩反应	责备他人	有效让自己不再反复想糟糕的成绩
I11	男	考试失败（1）	他人行为 自我行为	无	无	自己评价	重新计划 转换视角-自评 转换视角-他评	继续任务	弥补	无	
I15	男	考试失败（2）	自我行为	行为	无	他人期望 自己负评价	重新计划	继续任务	疏远关系	转移注意力	短期有效缓解羞耻并更易继续当前任务，但长期导致不重视而有更坏结果
I5	男	学业失败（1）	自我行为	无	无	自己负评价	重新计划	掩饰	弥补	掩饰	有效缓解羞耻

续表

编号	性别	事件主题(事件序号)	羞耻情绪的诱发所涉及的认知过程					羞耻情绪的情绪调节过程			
			归因	负性评估 自我	负性评估 他人	羞耻的原因	认知调节策略	当时行为	事后行为	有意情绪调节策略	效果
I6	男	学业失败(1)	自我行为 他人行为	行为	无	他人期望	重新计划	掩饰	无	转移注意力	有效缓解羞耻
I1	女	学业失败(2)	自我特质	行为	整体	他人期望 自己人负评价	接受	继续任务	弥补	转移注意力 求助 弥补行为	有效缓解羞耻
I9	女	学业失败(2)	环境	行为	无	自己负评价	转换视角-自评	承认不足	退缩反应	无	/
I14	女	竞争失败(1)	自我特质	整体	整体	他人负评价	幻想回避 重新计划	继续任务	弥补 社会支持 疏远关系	无	/
I2	女	公开出丑(2)	自我行为	行为	无	公开出丑	反事实型 自责 想象回避	掩饰	无	无	/
I4	女	公开出丑(1)	自我特质 环境	特质	整体	公开出丑 自己负评价	反事实型 自责 重新计划	掩饰 求助	社会支持 退缩反应	掩饰 社会支持 反事实自责	掩饰无效，寻求社会支持被嘲笑，感到更郁闷并开始自责
I5	男	公开出丑(2)	自我行为 环境	无	无	公开出丑	无	离开现场	无	无	/

续表

编号	性别	事件主题(事件序号)	羞耻情绪的诱发所涉及的认知过程					羞耻情绪的情绪调节过程			
			归因	负性评估 自我	负性评估 他人	羞耻的原因	认知调节策略	当时行为	事后行为	有意调节策略	效果
I7	女	公开出丑(2)	自我行为	行为	无	公开出丑	无	继续任务	社会支持	无	/
I8	男	公开出丑(2)	自我特质	形象	无	公开出丑	转换视角-自影	掩饰	弥补	掩饰	缓解羞耻效果一般
I13	男	公开出丑(1)	环境	行为	整体	公开出丑	重新计划-自我否认	求助	无	求助	迅速降低羞耻,并觉得事件很有趣
I14	女	公开出丑(2)	环境	无	整体	公开出丑	无	离开现场	弥补	无	/
I16	女	公开出丑(1)	自我行为	无	无	注重他评	想象回避 转换视角-他评	离开现场	无	离开现场 转换视角-他评	离开现场无效 转换视角有效降低羞耻
I6	男	公开出丑(2)	自我行为	行为	行为状态	他人期望	无	掩饰 继续任务	无	转移注意力	有效缓解羞耻
I10	男	公开出丑(2)	自我行为	无	整体	他人负评价	重新计划 转换视角-他评	补救 继续任务	掩饰 退缩反应	无	/
I9	女	公开出丑(1)	自我行为	行为	行为状态	自己负评价 他人期望	反事实 责他 转换视角-自影	补救行为	掩饰 弥补	转换视角-自影	有效缓解羞耻

续表

编号	性别	事件主题（事件序号）	羞耻情绪的诱发所涉及的认知过程					羞耻情绪的情绪调节过程			
			归因	负性评估 自我	负性评估 他人	羞耻的原因	认知调节策略	当时行为	事后行为	有意调节策略	效果
I3	女	人际关系（1）	自我行为 他人行为	行为	整体	他人负评价 自己负评价	想象回避	补救行为	疏远关系	补救 疏远关系	补救无效，因而感到更羞耻且更愤怒，导致想疏远关系，但仍无法缓解羞耻
I7	女	人际关系（1）	自我行为	行为	整体	未被认同 他人负评价	责备他人	掩饰继续任务	疏远关系	掩饰 转换视角-他评	掩饰无法缓解羞耻，转换视角效果一般，仍会影响与对方的交往
I12	女	人际关系（1）	自我特质	行为 特质	特质	自己负评价 他人期望	重新计划	补救行为	社会支持弥补	反复回想 弥补行为 社会支持	反复回想加剧羞耻，补救行为和社会支持均有效缓解羞耻
I15	男	能力不足（1）	自我特质	整体	整体	注重他评	转换视角-自评 重新计划	掩饰	无	转换视角-自影 重新计划	有效降低羞耻
I13	男	认错母亲（2）	环境	无	无	自己负评价	无	承认错误	无	无	/

　　羞耻情绪的诱发所涉及的认知评估过程。除了根据访谈对象在羞耻体验中的想法进行归类的两类自我负性认知评估之外，表2-6中还将访谈对象对羞耻事件的归因及感到羞耻的原因一并放入情绪诱发所涉及的认知评估过程之中，将这两类信息作为对两类自我负性认知评估类型的进一步补充及验证。

　　比对这3种文本信息可以发现：首先，访谈对象对于事件所做的归因几乎是和自我负性认知评估中的自我指向的内容完全一致的，即若访谈对象在羞耻情绪体验中提及的是对自己的某种行为或个人的某个特质/能力的负性评价，那么访谈对象在之后被问及事件之所以发生的原因时，也会认为自己的特定行为或个人的某个特质/能力不足是造成事件发生的原因；如若访谈对象未提及自我指向的负性认知评估类型，则在后续追问的事件归因中，访谈对象很有可能会认为是某种客观因素造成了事件的发生。

　　其次，访谈对象对于事件所做的归因却和被归类为他人指向的自我负性认知评估内容完全不一致，但访谈对象所报告的让自己感到羞耻的原因却和两类负性自我认知评估类型，尤其是他人指向的自我负性认知评估具有高度的一致性。即若访谈对象报告了可被归类为他人指向的负性认知评估内容时，在问及感到羞耻的原因时，访谈对象也会提到没有达到他人的期望，或他人的负性评价和对自己的不佳印象是造成自己感到羞耻的重要原因。若访谈对象没有报告可被归类为他人指向的负性认知评估内容时，在其给出的羞耻原因中，访谈对象或报告自己对自己的负性评价是羞耻的原因，或报告过于重视他人评价，或自己的不足暴露在公众之下是羞耻的原因。在后两种原因中，尽管也提到了他人的原因，但相比之下，这两种原因中的他者更多是以观察者而非切实的评价者的身份出现的。

　　在羞耻事件类型的可能影响上，可以发现的趋势是：首先，相比个人无能事件，在违背道德的羞耻事件中访谈者没有提及他人指向的自我负性认知评估或羞耻原因；其次，在个人无能事件中，公开出丑或失态类的事件相比其他类型的事件有更简单的自我指向的负性认知评估，即表现为访谈对象更有可能不去提及任何类型的自我指向的负性认知评估的内容。

综上所述，访谈对象的两类自我指向的负性认知评估类型的内容和自己报告的羞耻原因有着高度的一致性，而访谈对象报告的自我指向的负性认知评估则和其报告的事件归因有高度的一致性。这一结果再次提示，对于不少本次访谈的对象而言，自我指向的负性认知评估还不足以让个体感受到羞耻情绪，要加之从在他人的视角下来审视或评价自我的糟糕表现或糟糕的自我才会让个体最终感到羞耻。

羞耻情绪的调节过程。将访谈对象在羞耻情绪体验中报告的想法和行为都视为一种尝试调节羞耻情绪的努力。这样一来可以发现，无论访谈对象是否有意识地调节羞耻情绪，所有访谈对象都会在第一时间尝试以某种方式来阻止自己的不足或过失进一步暴露在自己或他人面前，或将自己的不足或过失藏匿起来，就好像事情没有发生过一样。这种调节情绪的努力包括旨在不让他人发现自己的不足或过失的调节策略。例如，掩饰行为、继续任务和离开现场。也包括让自己不再看到自己的不足或过失的调节策略。例如，想象回避、转移注意力和反事实思维型的自责。但是，在一般情况下，个体并不会选择直接离开现场，而是更多会选择掩饰或让自己尽量不被别人注意。I9-个人无能-事件1的一段叙述很好地阐释了这种现象。

"第一是情况不允许；第二就是说你如果逃了，会把你在别人眼中的羞耻扩大化，不就更羞了嘛……（访谈者："那一般你会做些什么呢？"）窝到一个比较不为人知的角落里，移动到角落里，或者阴暗之中……就是不成为焦点就够了。"

如果这一羞耻事件只是一次偶发事件，那么这一事件对自我认同和/

或在他人眼中的自我形象造成的伤害就并不会很严重。在这种情况下，这类掩饰、隐藏和回避类的调节策略或许就足以缓解羞耻情绪，并为羞耻事件"画上句号"。例如，I5-个人无能-事件2-公开出丑（雪地当众滑倒）事件。

但在更多的羞耻事件中，隐藏和/或回避的调节策略并不足以缓解羞耻情绪，也不足以消弭羞耻事件给自己眼中和他人眼中的自我认同造成的破坏。在这种情况下，羞耻的个体似乎有两种调节方法，调节方法一是采用更主动的调节策略来拒绝或减轻事件对自我认同的进一步伤害；调节方法二是承认自我认同已经受损的状况，并着手来修复受损的自我认同。当然，个体经常会交替使用两种方法。

在第一种调节方法中，个体所做的通常是重新评估事件对自我认同的伤害程度和合理性。这类策略包括旨在减轻羞耻事件对自我认同伤害程度的策略（承认错误/不足和转换视角类策略）到旨在拒绝承认羞耻事件对自我认同造成的伤害是合理的策略（否认策略和责备他人类型的策略）。由于这类调节策略多是指向过去或现在的，因而若羞耻事件对自我认同的破坏程度并不严重，那么使用这类策略就可以成功地让羞耻事件"就此止步"。例如，在I16-个人无能-事件1（公共场合跌倒事件中），尽管离开现场无法完全缓解羞耻情绪，但当访谈对象使用了转换视角策略后，羞耻情绪就消失了。不过，若在羞耻事件中，所暴露的自我不足或欠缺实际上会持续存在，那么采用这类策略虽会缓解当时的羞耻情绪，但实际上并未修复个体受损的那部分自我认同，那么在这种情况下，个体就会出现退缩反应，即"绕开"或"放弃"这部分受伤的自我。典型的例子是I8-个人无能-事件1-考试失败（基础专业课考试成绩欠佳）和I9-个人无能-事件2-学业失败（转学后英语成绩欠佳）。在这两个事件中，访谈对象均在学业上遭到了较为严重的失败，他们或通过责备他人的方式将失败的原因归咎于考试标准或客观环境，或通过转换视角-自我评价的策略减轻学业失败对自己的重要性，结果是两人都未在考试失败的领域再投入过多的精力，在访谈时也竭力合理化自己的这种放弃努力的行为。

另外一个典型的例子是I7-个人无能-事件1-人际关系（谈话中被人忽视），在这个羞耻事件中，尽管访谈对象先后采用掩饰、责备他人、转换视角-他人评价策略，仍无法很好地缓解自己的羞耻情绪，以及他人的忽视对自我认同的伤害，而且还继发了对他人的愤怒，因而，最终访谈对象的行为是人际退缩反应。

在第二种调节方法中，个体采用的调节策略的核心是承认自我认同受到了损害，并将羞耻事件视为一种信号，提醒自己需要修复或完善在自己眼中和他人眼中的自我认同。这类策略包括重新计划-自我改变、弥补、求助和寻求社会支持策略。前三种策略都是直接着手进行修复受损自我认同的工作，重新计划-自我改变策略是指向将来的，是个体在头脑中设想需要改善的方面或具体方式，弥补是用行动来直接执行修复过程，求助是在他人的帮助下修复自己受损的自我认同。I12-个人无能-事件1的一段陈述很好地描述了这类策略的实质：

"（访谈者：你觉得你这么做是用来缓解你的内疚呢，还是用来缓解你的羞耻呢？）其实我觉得是缓解人际关系，也就是说想改变他对我的印象吧，也算是，因为这样子的话可以不断去提醒自己。就是说自己在这方面做的不足。你每次想到试图和他缓解关系的时候，就会想到曾经做了一次不该做的事。下次就会提醒自己不要再做。因为这件事情最深切的羞耻感基本就没有。我一般过了两三天就会好。"

而寻求社会支持则是一种间接修复自我的方式，是个体通过向重要他人寻求安慰，期望让他人认可自己仍是可以被人所认同和接受的，并不会因羞耻事件而被人排斥来修复自我认同。I3-个人无能-事件1的一段叙述很好地阐释了寻求社会支持策略的作用：

"其他的可能会去找好朋友，因为在亲密的朋友中可以找到归属感或成就感，这样能够排解在外界不适应的那种失落，在这种环境中弥补，我会告诉自己，我还是有这样一个在其中能够游刃有余的圈子，不像在那个圈子里那么无地自容。"

I13-个人无能-事件1的一段叙述则很好地描述了这种成功修复的效果：

"因为我觉得去问她就是很大的一步，然后这个非常有用，直接一下子，我觉得这种羞耻感就没有了。然后就过去了，之后不需要再想半天，噢我刚才怎么怎么样，事后想起来，就觉得很好玩儿，没有那种羞耻感了。"

但在有些羞耻事件中，尽管个体采用了这类修复策略，仍会因为某些原因无法修复成功。在这种情况下，由于个体已经完全承认了羞耻事件对自尊的伤害，修复失败无疑是对个体自我认同造成进一步的打击。因此，不但可能产生更强烈的负性情绪体验，而且往往会导致退缩行为。这一过程在I3-个人无能-事件1这段叙述中呈现得非常清晰。

"可是我在弥补的时候也会有羞耻感，就觉得我做了一件很没有尊严的事情。（访谈者：'看起来弥补这个行为本身也带来压力的，所以你会更倾向于选择逃避，或回避？'）不是，一定会试着先弥补，如果弥补不了的话，本来弥补这件事就是有一些羞耻感去做的，而且弥补之后还失败，那么羞耻感会非常强烈，就到了非要逃避不可的状态。"

而在I4-个人无能-事件1的羞耻事件中，当访谈者向室友讲述自己的羞耻经历时，并没有得到对方的安慰，这使得访谈者感到更羞耻，并继而出现了自责和退缩行为。

"我还跟同学说了这件事，她们都笑我，她们一笑我，我就更尴尬了。她们也是开玩笑的，说，瞧你这个人，就没见过大场面。我想注意点，我也不想，我想如果当时我如果小心一点的话，就不会出这个事情了，我也想，干嘛要去那么高级的餐厅，如果去别的地方，筷子多的是。为什么要去那个餐厅。"

自我指向的负性认知评估的类型对情绪调节过程的影响。如果仔细比较羞耻情绪的诱发过程中的认知类型和调节过程中的策略类型，可以发现，二者在内容上有一定的一致性。对于自我指向的负性认知评估而言，一个大致的趋势是，如果访谈对象报告了这种类型的自我认知，那么在调节过程中更容易出现的是重新计划–自我改变或反事实型自责的调节策略。

相比之下，一个更为清晰的对应模式是，例如，若在诱发羞耻情绪的认知过程中包含了他人指向的负性自我认知评估，那么在调节过程中一定会出现相应的调节策略来降低或拒绝他人的负性评价，包括以隐藏和/或回避的方式让自己消失在作为旁观者的他人眼中，如I5–个人无能–事件2–公开出丑（雪地当众滑倒）事件；或使用转换视角或责备他人的方式来减轻他人评价的严重程度或合理性，如I8–个人无能–事件2–公开出丑（举止失态）事件；或通过弥补来修复在他人眼中受损的自我认同，如I12–个人无能–事件1–人际关系（对他人发火被人指出）事件，或通过社会支持来加固自己的自我认同，如I14–个人无能–事件1–竞争失败（公开竞选失败）事件。

4. 讨论

本研究采用半结构访谈的方法，让16名中国大学生回忆了自己亲身经历的羞耻事件，首先尝试通过对羞耻情绪体验的不同构成（主观情绪体验、认知、行为和有意识的调节过程）进行类属分析，随后再通过将这些对不同情绪体验构成的分类结果在具体羞耻情境下还原的方式，勾勒出在中国大学生中，个体的整个羞耻情绪体验从情绪唤起到情绪调节最终平复的过程图景。

1）羞耻情绪的现象学图景：伴随复杂的认知评估过程和调节努力的负性自我意识情绪

通过对羞耻情绪体验的不同构成进行类属分析，本研究得到了这样一幅在具体羞耻事件下，羞耻情绪的现象学描述图景：①在主观情绪体验上，羞耻情绪是一种痛苦的负性体验，并常常会伴随悲伤、愤怒和内疚这类负性情绪。②在认知上，个体会对自己有负性的评价，也常常会评估他人对自己会有负性的评价。③在行为反应上，个体在情绪体验之初都会有希望回避和隐藏的想法，但实际表现以掩饰和继续当前任务的行为居多，而随后个体会因为事件的性质及采用的调节策略的不同而展现出不同的行为反应，常见的行为反应包括弥补行为、攻击他人、寻求社会支持和退缩反应。④在情绪调节的努力上，羞耻情绪是需要个体付出较多努力去进行调节的情绪，即个体都会有意识或无意识地尝试用各种策略来调节自己的主观情绪体验，以及羞耻事件给自身造成的消极后果。

和以前的研究结果相比，本研究得出的这幅图景在诱发情绪的事件、情绪的主观体验、认知和行为反应上与前人的研究基本是一致的（Lewis，2003；钱铭怡和戚健俐，2002；钱铭怡等，2001；张黎黎，2008）；尤其在羞耻体验中出现的认知部分，再次验证了以中国大学生为被试的现象学研究中的结果（钱铭怡等，2001；张黎黎，2008），即中国个体不仅会对自己有负性的评价，而且会以他人的视角来给予自己负性的评价。

和以前的研究相比，本研究因为尝试从情绪调节的视角去审视整个羞耻情绪体验，因而补充了对个体在羞耻体验过程中的行为反应和情绪调节努力的现象学描述，这使得整个羞耻情绪体验的现象学图景变得更为丰富和完整。本研究发现，对于本次访谈的中国大学生而言，羞耻情绪是一个需要他们采用多种策略进行调节的情绪，这和汪智艳等（2009）在研究中发现：中国大学生相比美国大学生会对羞耻情绪进行更多的认知加工的结果是一致的。这种调节努力反映的可能是在中国文化背景下，羞耻情绪对个体具有重要的意义和功能，因而中国个体也发展出了更为复杂和精细的认知及行为策略来调节这一情绪。本研究也发现，尽管在羞耻情绪之初，个体一般都会出现回避、隐藏或掩饰这些在西方现象学研究中常见的羞耻行为反应，但按照事件的性质和个体采取的调节策略的不同，个体在羞耻体验中还会出现其他的行为反应。这些反应有些是富有建设性的。例如，弥补和寻求社会支持，有些则从短期或长期的角度来看，会给个体带来消极的结果。例如，攻击他人、社交退缩或非人际领域的退缩反应。

2）诱发羞耻情绪所需的认知评估过程："'我'评估'他人评估我'"的重要性

对访谈对象在羞耻体验中产生的想法进行分类的过程中发现，这些想法可以分为两种类型：诱发羞耻情绪的自我认知评估和旨在对羞耻情绪体验进行调节的认知。前者常常在个体感到羞耻时产生，而其本身又可以分为指向自己和他人指向这两种类型，前一种认知评估是个体对自己给予负性评价的过程，而后一种则是个体从他人的视角下，预期他人会对自己有负性评价的过程。无论是从内容上，还是从句式结构上，这两种认知评估的想法都清晰地表现出了"'我'评估'我'"和"'我'评估'他人评估我'"的模式。而在数量上，自我指向的负性认知评估会多于他人指向的负性认知评估，这一结果是和张黎黎（2008）对中国大学生做的类似研究的结果是一致的。

本研究还将访谈对象这两类自我负性评估类型同他们对羞耻事件的归因和其所报告的感到羞耻的原因进行了比对，发现个体对事件的归因和他们感到羞耻的原因并不是完全对应的，访谈对象对事件的归因和其所报告的自我指向的负性认知评估有高度的一致性，而访谈对象报告的感到羞耻的原因则同时包括了自我指向和他人指向这两种负性认知评估过程。这一结果很好地解释了中外研究结果在诱发羞耻的认知评估上存在的分歧。西方主流理论认为（Lewis，1971；Tangney，1999；Tracy and Robins，2004，

2007），诱发羞耻情绪的认知评估过程的实质是个体对涉及评价自我认同的负性事件做稳定的、全局的、不可控的自我归因；但之前对中国个体的类似研究却发现，在羞耻事件中，个体所做的归因类型并不符合上述理论（高隽，2005；谢波，1998；张黎黎，2008）。本研究的结果表明，这是因为对负性评价性事件的归因只包含了在中国人群中诱发羞耻情绪的自我负性认知评估过程的一个重要成分，即个体对负性事件做的自我归因，但没有能够很好地把握另一个重要成分，即个体采用他人的视角来对负性事件做指向自己的归因。尽管自我指向的负性认知评价的确是诱发羞耻情绪不可或缺的认知评估成分，但似乎对于不少中国个体而言，要加之他人指向的自我负性认知评估才最终足以诱发个体的羞耻情绪。而且，比对两种类型的负性认知评估的内容还可以发现，他人指向的自我负性认知评估类型更多的是对个体做特质性的或整体性的负性评价，而自我指向的认知评估类型更多是针对自我行为做负性评价，也就是说，访谈对象报告的他人指向的认知评估从内容来看，实际上符合西方理论对于诱发羞耻的自我归因特点，即稳定的、全局的自我归因的描述。

本研究的结果也验证了 Gilbert（2007）提出的内化羞耻和外化羞耻这两种类型的羞耻背后对应的认知评估过程，但和 Gilbert 的假设有所不同的是，从本研究的结果来看，在大多数羞耻事件中，这两种认知评估类型是同时存在的，较少出现独立存在的情况，如果仅存在一种负性自我评估认知，也往往是出现自我指向的负性认知评估。首先，这可能是和本次访谈中羞耻事件的性质有关的。由于本次访谈中报告的多是个人无能类的羞耻事件，即所发生的负性事件或多或少是由自己的错误、过失或能力不足造成的，并没有出现 Gilbert（2007）模型中外化羞耻的典型事件，即因为个人某些不可控的行为或特点而遭致他人或群体的贬低或孤立的情况（如 HIV 患者，被强奸或虐待的女性），也就没有出现仅有他人指向的自我负性评估的个案。其次，这一结果反映了中国个体具有互依自我型的自我表征和结构特点。由于这一自我表征和结构的特点，个体在理解和评价自己的感受、想法和行为时，会对事件发生的背景或重要他人的评价更为敏感，也更容易从他人的视角来观察和评价自己（Gross et al.，2003；Gross and Madson，1997）。最后，这一结果也可能反映出了羞耻情绪在中国文化背景下作为一种重要的行为规范机制的功能特点。在本次研究中，大多数产生他人指向的负性认知评估类型的访谈对象并没有直接受到他人的批评或指责，甚至在羞耻事件中没有他人在场，但这些访谈对象仍主动地将自己置于他人的审视和负性评价之下。正是这种自动的，甚至带有假想性质的被他人评价的认知过程才会让羞耻情绪很好地在中国文化背景下起到控制意念（金耀基，1992）和规范行为（朱芩楼，1972）的作用。

3）羞耻情绪的调节过程：防御伤害与重建自我的跷跷板

在本研究中，笔者发现，总体而言，羞耻情绪是需要个体花费一定努力来进行调节的情绪。在调节过程中，个体常常需要采用多种不同的调节策略，并积极调动内部或外部资源，而且调节的目标除了平复羞耻情绪的主观体验外，鉴于羞耻情绪的核心认知评估是个体自己对自己的负性评价，以及自己从他人的视角对自己的负性评价，因而对于羞耻的情绪调节而言，更大一部分是旨在调节羞耻情绪事件对自己眼中和他人眼中（实际或假想中的）自我认同造成的伤害，从而恢复或重塑在自己以及/或者他人眼中的积极的自我认同。这和Vleit（2008）在其研究中将个体从羞耻体验中恢复过来的核心过程描述为对自我的一种重塑是一致的。但和Vleit的结论稍有不同的是，对于中国个体而言，对他人眼中的自我形象的重塑也是羞耻情绪调节中的重要内容。

如果把从情绪调节的视角对访谈对象的认知及行为反应中鉴别的调节策略，连同从访谈对象自己报告的有意识采用的情绪调节策略中鉴别出的调节策略放在一起审视，那么可以发现，个体用以调节羞耻情绪体验的努力可以分为两大类：一是防御型的努力，即个体尝试用各种方法否认负性的羞耻事件对自我认同的伤害，若以防御力度从弱到强来排列，这种努力从多少带有鸵鸟色彩的认知及行为层面的回避、躲藏和掩饰反应，到旨在通过在认知上重新对事件进行评估以减少伤害程度的转换视角类策略，到更为彻底地质疑伤害的合理性，甚至转而去伤害他人的自我认同的责备他人型的认知策略和行为反应。从个体的整个羞耻情绪体验的过程来看，这种防御型的调节努力是每个个体都会做的，只是选择的具体策略和时机有所不同。

二是与防御型的努力相对的是修复和重建型的努力，即个体承认自我眼中和/或他人眼中的自我认同是消极的，或有了糟糕的部分，因而需要努力去修复这一被损伤的自我认同，从而在自我眼中和/或他人眼中重建积极的自我认同。这类策略包括直接着手修复和重建工作的重新计划-自我改变的认知策略，和行为层面的弥补及求助策略，以及间接完成自我认同修复的寻求社会支持策略。从本次研究的结果来看，这类策略并不是每个个体都会选用的，首先，这可能是因为这种策略意味着个体要承认自己是糟糕的，而且/或者别人也同样认为自己糟糕的，不值得爱的，因此很可能会给个体带来额外的痛苦；其次，因为这类策略更多是指向将来的，因此也需要个体动员较多的内部和外部资源；最后，这类策略还具有一种风险性，一旦修复或重建失败，往往对个体而言就是一种更大的打击。

在本研究中，多数访谈者都会交替尝试从这两个不同的方向来调节羞耻，就好像是在玩跷跷板一样，一头是对自我认同破坏的防御，一头是对受损自我认同的修复和重建，在左右摇摆中寻求一种平衡。因为尽管对于一些羞耻事件而言，防御型的策略已经足以平复负性事件在自我认同中激起的破坏性的涟漪，但在大多数情况下，个体仍会需要采用某种修复和重建策略。此外，从具体策略的内容来看，似乎也可分为两个方面，一方面是指向自己的；另一方面是他人指向的。这和诱发羞耻情绪的两种类型的自我认知评估有一定的对应性。

最后，从调节的效果上来看，本研究发现，首先，调节有效性本身是一个较为复杂且高度个人化的概念。对有的个体来说，调节有效意味着不再有羞耻的感受，并能通过转移注意力或求助他人的方式，在短短几十秒内达到；有的个体认为调节有效在于不再让自己去反复想消极的事件（如糟糕的考试成绩），并能通过攻击出题太难来达到；而有的个体认为，只有修复了某段受损的人际关系，从而改善了他人对自己的印象，或在下一次考试中考出好成绩，从而证明自己的能力才算是有效地调节了羞耻情绪。其次，任何一种具体的调节策略都不会在所有的情况下有效。从个体的主观报告和其最终的行为后果来看，相对有效的策略是转换视角类的策略、重新计划–改变自我策略、求助策略、弥补策略和社会支持策略，相对无效的则是离开现场、疏远关系、反事实型自责和反复回想策略。即总体上修复和重建类的策略似乎能更有效地调节羞耻情绪体验，这或许正印证了中国的一句老话：知耻而后勇。

5. 小结

本研究通过对 16 名中国大学生的具体羞耻情绪事件进行半结构访谈，以及对访谈文本进行质性分析，得到了以下初步的结论。

第一，在羞耻情绪体验的现象学特征上，本研究发现，羞耻情绪是一种伴随复杂的认知评估过程和调节努力的负性自我意识情绪，在这一情绪体验中，自我指向和他人指向的自我负性认知评估过程是诱发情绪的核心认知评估过程。

第二，在羞耻情绪体验中，有两种诱发羞耻情绪的自我负性认知评估类型：其一是自我指向的负性自我认知评估（"我"评估"我"），即个体给予自己负性的评价；其二是他人指向的负性认知评估（"我"评估"他人评估我"），即个体从他人的视角给予自己负性的评价。在具体情境下，个体报告的这两种认知评估类型的内容是和其报告的感到羞耻的原因是一致的。而个体对事件的归因仅能对应其所报告的自我指向的负性认知评估内容，这表明他人指向的自我负性认知评估是催化羞耻情绪体验的重要认知评估过程。

第三，个体会采用多种认知和行为策略来调节羞耻情绪及羞耻事件对自己眼中和/或他人眼中的自我认同造成的伤害，从而恢复或重塑在自己及/或者他人眼中的积极的自我认同。总体而言，这种情绪调节的努力可被视为在防御对自我认同的攻击和修复及重建自我认同的伤害这两极之间寻求平衡的过程。具体在认知调节策略上，本研究鉴别出了四类调节策略，分别是重新评价型、自我改变型、否认-攻击型和回避-退缩型。

2.1.2 子研究2：半开放性问卷调查

1. 问题提出

在研究一的子研究1中发现，羞耻情绪是一种伴随复杂的认知评估过程和调节努力的负性自我意识情绪，在这一情绪体验中，自我指向和他人指向的自我负性认知评估过程是诱发情绪的核心认知评估过程，而且个体会采用多种认知和行为策略来调节这一情绪及情绪事件给自我认同带来的后果，这种调节努力可以被抽象为一种在防御对自我认同的攻击和修复自我认同的损伤这两极之间寻求平衡的过程。具体在认知调节策略上，子研究2鉴别出了四类调节策略，分别是重新评价型策略、自我改变型策略、否认-攻击型策略和回避-退缩型策略。

在此基础上，研究一的第二个子研究使用半开放性问卷对100~120名中国大学生进行调查，目的是在较大的研究样本中考察特定羞耻情境下个体的情绪诱发过程、情绪调节过程，以及诱发羞耻情绪的特定自我认知评估过程对调节策略选用的可能影响，从而进一步验证和拓展半结构访谈的结果，并为筛选用于后续研究的认知调节策略和效果指标提供更好的参考。

　　为了达到这一研究目的，研究一在研究设计上采用质性研究和量化研究相结合的方式。研究一分为两部分，在第一部分使用半结构深度访谈，请个体自由回忆一件亲身经历的羞耻事件，并在此基础上具体描述在羞耻情境当时产生的想法和行为表现，个体有意识地采用的情绪调节策略及其感觉到的调节效果。这些开放性问题是和半结构访谈部分的主要追问问题一致的。

　　在研究一的第二部分，使用半开放性问卷调查的量化评定的方式，让个体对所回忆的事件中的情绪体验强度、两种类型的自我负性认知评估程度（自我指向及他人指向）及调节效果进行评定。在对两种类型的自我负性认知进行条目编制时，考虑到有的研究会做自我行为和自我特质这两种负性评价的区分（Lutwak et al.，2003；张黎黎，2008），有的研究则表述为自我行为和整体自我的区分（Niedenthal et al.，1994），而在第一个研究中发现，个体在认知评估的内容上会从自己的行为、能力或特质及整体自我三个方面来进行负性的评价。因此，在本研究中，在两种类型的负性认知评估中都分别邀请被试从自我行为、自我能力和整体自我三个方面来评价自己在具体事件中对自己作出的负性评价。在编制关于情绪调节效果的条目上，鉴于前人的研究和在半结构深度访谈中都发现，个体调节羞耻情绪的核心在于修复自我眼中和他人眼中的自我认同。因此，本研究主要从平复情绪，修复在自己和他人眼中的自我认同及整体调节效果三个方面编写了相应的条目。

　　此外，本研究还邀请被试填写了测量特质羞耻的《大学生羞耻量表》（ESS），《自尊量表》（SES）和《害怕负性评价量表》（FNE）问卷，以考察个体的特质性羞耻、自尊水平和害怕负性评价的程度对羞耻情绪唤起和调节过程的可能影响。

2. 研究方法

1) 被试

北京某大学参加心理学课程的大学生106名，其中男性20名，女性77名，性别记录缺失9名。年龄范围23~40岁，平均年龄28.22±3.86岁。

2) 研究工具

（1）自编半开放性问卷。具体问卷参见附录3。首先，要求被试回忆在自己过去生活中发生的一件令其羞耻的事件，并把它记录下来。然后，要求被试使用1~7七点量表评定这件事情让其感受到的羞耻程度和对其造成的影响程度。之后，要求被试回答五个开放性问题，分别是：①被试事发当时的情绪和感受。②被试当时做了什么。③被试事后做了什么。④被试认为这件事情发生的原因是什么，并填写最主要的原因。⑤被试是否有意识调节了其感受到的羞耻，是怎么想和做的，以及效果怎么样。

在回答完开放性问题之后，让被试采用1~5五点量表对其当时可能有的自我负性认知评估、对事件的归因及调节效果的条目进行评定。自我负性认知评估包括自我指向的三个负性评价条目（行为vs.能力 vs. 整体自我）以及三个他人指向的条目（行为vs.能力 vs. 整体自我）；归因包括归因位置（向内vs.向外）、归因稳定性和可控性三个条目；在调节效果中则包括五个条目：情绪平复、自我满意度、自我能力提高、改善他人对自己印象及整体调节满意度。

（2）大学生羞耻量表（ESS）。由钱铭怡等（2000）编制的25题的羞耻感自评量表。量表包括个性因素12题，行为因素9题，身体因素4题，被试要求根据自己在过去一年的感受对相关项目进行四点评分（完全没有，偶尔有点，有时有些，经常如此），分数越高说明被试的羞耻感越强。量表报告了良好的信度和效度，本研究中使用的为问卷总分，样本中的标准Cronbach's

Alpha 系数为 0.92。

（3）自尊量表（SES）。由 Rosenberg（1965）编制，最初用以评定青少年关于自我价值和自我接纳的总体感受。由 10 个条目组成，1~4 四点量表，包括正向计分条目和反向计分条目。分值越高，自尊程度越高。SES 量表在多种不同的研究中，表现出良好的信效度，本研究样本中的标准 Cronbach's Alpha 系数为 0.76。

（4）害怕负评价量表（FNE）。该量表是根据 Watson 和 Friend（1969）对"惧怕否定评价"（FNE）定义编制而成的，这两位研究者把害怕负评价定义为对他人的评价担忧，为别人的否定评价感到苦恼，以及预期自己会遭到他人的否定评价。量表含有 30 个条目，其中正、反面的评分大致相当。该量表为自评量表，对每个条目作五级评分（1=与我完全不符；5=与我极为相符）。低分指的是对他人的评价没有担忧，而不一定是指期望或需要他人给予肯定的评价。该量表被证明有良好的信效度，本研究样本中标准 Cronbach's Alpha 系数为 0.91。

3）实验程序

在学期初，被试先填写了 SES 问卷，一个月后填写了 FNE，再过了二个月后填写了自编半开放性问卷和 ESS，其中一半被试先填写了 ESS（N=55），一半后填写了 ESS（N=51）。被试所填写的所有问卷都给予相应学分作为回报。

4）文本分析

对五个开放性的问题进行类属分析。在初步阅读所有文本之后，参照前人相关研究以及研究一的半结构深度访谈中，初步拟定相应的分类编码规则，并由研究者先进行初步编码，在初步编码的基础上，对编码规则进行反复修改，从而确定最终的编码规则。然后，邀请另一心理学专业研究生根据拟定的编码规则对文本进行类属分析。最终采用的编码规则如下。

（1）在羞耻事件类型的编码上，仍采用违背道德和个人无能为两个最基本的分类（钱铭怡和戚健俐，2002；张黎黎，2008）。例如，被试提及因重要他人的行为或特点让自己感到羞耻，则按照之前研究者的分类（Szeto and Cissy，1997），将其命名为替代性羞耻。

（2）在情绪词部分，采用的编码方式是对每一种提到的情绪词进行计数，然后将描述同类情绪的情绪词进行合并。

（3）对于和自我负性认知评估相关的想法，分为自我指向和他人指向两类。

（4）对于涉及情绪调节过程的想法和行为，则按照半结构深度访谈中的分类和命名方式。例如，发现上半结构深度访谈中未出现的策略，则参考之前研究者对认知情绪调节策略（Garnefski et al.，2001）和行为情绪调节策略（Compas et al.，2001）的命名。

（5）对于归因部分，参考 Niedenthal 等（1994）及高隽（2005）的编码方式，将被试列出的事件发生原因归为以下几种：①自我行为，包括被试在事发时所做的具体行为，所具有的想法和暂时的情绪状态，例如，"我没有很好地检查"或"我当时太紧张了"。②自我特质，包括被试的个性特点、能力和稳定的兴趣倾向，例如，"我的口头表达能力太差了"。③他人行为，包括事件中其他人的具体行为、想法和暂时的情绪状态，例如，"他当时喝醉了"。④他人特质，包括事件中其他人的个性特点、能力和稳定的兴趣倾向，例如，"领导脾气一向不好"。⑤环境，例如，"天气太热"。⑥多重因素，指的是被试认为事件发生既有自己的原因，也有他人或环境的原因，或是两人/多人/人与环境互动的结果，例如，"双方产生了误会"。

所有编码均由研究者（女）和心理学专业研究生（男）根据编码规则独立完成，之后进行核对，所有编码不一致处，均经过两人讨论最终达成一致。评分者一致性系数分别为事件种类 0.89，情绪词 1.00，当时想法

0.75，当时行为0.93，事后行为0.93，有意识调节策略0.84，归因0.91。

3. 研究结果

1）版本效应的检验

使用独立样本t检验考察不同版本在基本人口学变量，羞耻及影响程度以及ESS总分评定上的影响。结果发现，两个版本在年龄（$t_{90}=-1.33$，$p=0.19$）和性别（$t_{95}=-1.05$，$p=0.30$）上无显著差异。但是，在所回忆的事件的羞耻程度（$t_{91}=3.20$，$p=0.002$）和ESS总分上（$t_{103}=2.49$，$p=0.01$）有显著差异，在事件影响程度上无显著差异（$t_{91}=1.36$，$p=0.18$），先回忆羞耻事件后再填写ESS的被试在回忆事件的羞耻程度和ESS总分上均高于后回忆羞耻事件的被试。

2）编码的结果

（1）事件类型。对被试所报告的羞耻事件类型进行编码，其结果列于表2-7。在被试报告的羞耻事件中，个人无能类事件占60%，其次是各类违背道德事件，另有10%左右的被试报告了亲密他人的行为或特点引发自己羞耻的替代性羞耻事件。

表2-7　被试报告的羞耻事件类型

类别	子类别	数量	比例
个人无能	被他人攻击/羞辱	19	20.0%
	公开出丑	18	18.9%
	个人错误/无能被揭示	15	15.8%
	竞争失败	4	4.2%
	亲密关系失败	3	3.2%
	总数	59	62.1%

续表

类别	子类别	数量	比例
违背道德	伤害他人	9	9.5%
	说谎	8	8.4%
	不孝顺	3	3.2%
	偷窃	2	2.1%
	性相关	3	3.2%
	其他	1	1.1%
	总数	26	27.4%
替代性羞耻	/	10	10.5%
总数	/	95	100.0%

（2）当时想法和情绪。在该开放问卷条目有效的95人数据中，有22人未报告任何情绪词（23.2%）。在提及情绪词的被试中，每提及一种情绪词，即相应计数一次，编码结果列于表2-8。在情绪词类别中，数量最多的是与羞耻相关的情绪词，其次是与悲伤相关的情绪词以及愤怒/生气。在提及多个类别情绪词的被试中，有七人同时提及了羞耻+悲伤类别的情绪词，五人同时提及了羞耻+愤怒类别的情绪词，各有一人同时提及了以下组合的情绪词：羞耻+内疚、羞耻+恐惧、羞耻+焦虑、羞耻+后悔、悲伤+后悔、悲伤+焦虑。

表2-8 被试提及的情绪词种类及数量

类别	子类别	提及次数	比例
羞耻相关	丢人	13	13.4%
	羞耻	12	12.4%
	没面子	3	3.1%
	不好意思	5	5.2%
	尴尬	5	5.2%
	羞愧	4	4.1%

续表

类别	子类别	提及次数	比例
羞耻相关	耻辱	1	1.0%
	无地自容	1	1.0%
	总数	44	45.4%
悲伤、相关	委屈	5	5.2%
	难受	4	4.1%
	低落	3	3.1%
	郁闷	2	2.1%
	失落	1	1.0%
	无望	1	1.0%
	不高兴	1	1.0%
	伤心	1	1.0%
	无奈	1	1.0%
	总数	19	19.6%
愤怒/生气	/	16	16.5%
焦虑类	焦虑	3	3.1%
	不安	3	3.1%
	烦躁	1	1.0%
	激动	1	1.0%
	总数	8	8.2%
恐惧	/	5	5.2%
后悔	/	4	4.1%
内疚	/	1	1.0%
总数	/	97	100.0%

有19位被试只提及了情绪词，而未提及任何想法。对剩余76名被试当时想法进行编码的结果列于表2-9。在所报告的想法中，比例最高的是自我指向的负性认知评估，有近一半的参加实验者报告了这一想法，其次是责备他人的想法，最后是他人指向的负性认知评估和重新计划-自我改变的想

法。总体而言，在参加实验者所报告的想法中，自我负性认知评估类的想法占到60%，而情绪调节类的想法占到40%。

表2-9 当时的想法类型

想法类别	名称	人数	百分比
自我认知评估类	自我指向	32	42.1%
	他人指向	13	17.1%
情绪调节类	责备他人	24	31.6%
	重新计划-自我改变	11	14.5%
	幻想逃避	4	5.3%
	否认	4	5.3%
	转换视角	3	3.9%

（3）当时行为和事后行为。对被试报告的当时行为和事后行为的编码结果列表2-10。各有1/10左右的参加实验者报告在事发当时或事后没有做任何行为反应。在所报告的行为反应类型中，新出现的行为类别是情绪宣泄，即个体会在事发当时出现哭泣的行为（如I106："跑回自己房间里哭了起来"）；压抑，指的是个体努力抑制自己的情绪反应或尝试遗忘已经发生的事情（如I100："什么也没做，离职后去找新的工作，强迫性压制自己当时的情绪"和I15："尽快让当天的会议从我的脑海中消失"）；沟通，指的是个体尝试和重要他人就自己的行为或对方的行为交换彼此的看法，沟通的对象或是作为评价者的重要他人（如I52-被妻子当面批评自己的错误："跟老婆说了我的感受"），或是在替代性羞耻事件中作出糟糕举动从而引发个体羞耻的重要他人（如I63-父亲随地吐痰引发替代性羞耻："跟父亲交换对此行为的意见"）。

在当时行为和事后行为反应中，从具体行为类别来看，补救/弥补类行为占的比例是最高的，有1/5~1/4的被试会报告有这类行为。如果将行为反应分为防御型和修复型两类，则可以发现，在当时行为中是以防御型的行为为主：回避、隐藏和掩饰类的防御型行为占到了40%以上，否认和归咎他人的防御型行为占到了20%左右。在事后行为中，防御型行为和修复型行为各占30%左右。此外，有1/10的被试报告的是认知而非具体的行为。在报告的认知中，出现了一种新的调节类想法，即个体为过去的羞耻事件赋予了积极的意义（如I21："吃一堑长一智，以后再也不敢做这样的事情了"），根据之前研究者（Garnefski et al., 2001）对认知情绪调节策略的命名方式，将其命名为积极重评策略。从功能上来看，这类策略属于从认知上重构事件对自我认同影响程度的防御型调节策略。

表2-10 当时行为和事后行为的类型

行为类型	人数（比例）	
	当时行为	事后行为
无	12(12.9%)	13（12.5%）
补救/弥补	20(21.5%)	26（25.0%）
掩饰	16(17.2%)	9（8.7%）
责备他人	14(15.1%)	7（6.7%）
回避/离开现场	13(14.0%)	11（10.6%）
退缩/社交退缩	6(6.5%)	12(11.5%)
情绪宣泄	5(5.4%)	1(1.0%)
压抑	2(2.2%)	7(6.7%)
否认	2(2.2%)	/
继续任务	2(2.2%)	/
社会支持	1(1.1%)	2(1.9%)
沟通	/	5(4.8%)
反事实型自责（认知）	/	7(6.7%)
反复回想（认知）	/	2(1.9%)

续表

行为类型	人数（比例）	
	当时行为	事后行为
积极重评（认知）	/	1(1.0%)
转换视角（认知）	/	1(1.0%)

（4）归因。归因编码的结果，列于表2-11。从表2-11可见，有64.2%的被试把羞耻事件发生的原因归结为自己的行为或特质因素，有15.8%左右的被试认为事件发生的原因既有自己的责任，也有其他人或环境因素的责任。

表2-11　归因类型编码结果

归因种类	人数	百分比
自我行为	42	44.2%
自我特质	19	20.0%
他人行为	9	9.5%
他人特质	7	7.4%
环境	3	3.2%
多重	15	15.8%
总体	95	100.0%

（5）有意识进行的情绪调节及调节效果。被试对调节结果的主观描述类别，列于表2-12。有73名（80.2%）的被试报告其对自己的羞耻情绪有意识地进行了调节，有18名（19.8%）的被试报告没有其对自己的羞耻情绪进行有意识的调节。被试对调节效果的主观描述类别见下表，可见有近1/3的被试尽管写了有意识调节的方法，但没有描述其调节的效果。

表2-12 被试对调节效果的主观描述类别及比例

效果描述	人数	比例
效果好	17	18.5%
慢慢淡去	3	3.3%
效果一般	17	18.5%
无效	6	6.5%
没有调节	18	19.6%
未提及	31	33.7%
总体	92	100.0%

对描述自己有意识进行羞耻情绪调节的被试所报告的调节内容进行编码，被试的描述符合一种调节方式则计一次，由于有的被试不止使用一种调节方式，则会出现双编码或三编码的情况。表2-13报告的是各类调节方式被编码的次数及例子。

表2-13 被试报告的有意识地进行情绪调节的方式类别及示例

调节方式	类型	次数	示例
重新计划–改变自我	认知	19	"深呼吸，让自己放松，之后尽快想办法补救。觉得事情可以圆满解决"（I21） "我认真思考了以后遇到这种情况应该怎么做，要求自己处理问题以尊重孩子做起"（I59） "有想过如何弥补，即认真学习，提高成绩，以成绩的进步改观来让这件事慢慢淡去，我也是这么做的"（I104）
转换视角类	认知	16	"就想那些旁观者应该知道谁对谁错，也许有人也有与我同样的经历，他们应该不会认为我没给钱"（I39） "后来我就想，反正那么多人，应该不记得我长什么样子"（I72） "想还好没让更多人看到，及时发现，效果还不错"（I89）

调节方式	类型	次数	示例
回避	行为	12	"当时我每年在填写年龄时，我都刻意去回避"（I27） "通过迅速走开来掩饰，效果一般"（I63） "我有意识地不提及他们的个人生活，尽量不在外人面前提及此事。我觉得效果还可以"（I65）
压抑	行为	11	"尽量用平静、冷静的心情来说话，效果一般，感觉事态没有太大恶化"（I15） "尽力平静自己的心情，稳定自己的情绪"（I67） "不去想，尽量忘记此事，没效果"（I8）
社会支持	行为	10	"事后很多同学和朋友过来安慰我。所以，我很快就恢复了"（I3） "回家后和父母说明情况以达到平衡"（I73）
责备他人	行为/认知	9	"鄙视对方，自己还要尽可能地做得更好"（I40） "我当时就觉得他太欺负女同学了，品德败坏"（I49）
转移注意力	行为	7	"做善事，用忙碌的方式来压制自己内心羞耻的心情"（I23） "听音乐"（I24）
弥补	行为	7	"当时什么都没想，知道以后想马上道歉，效果不错"（I37） "以后坐车不管多挤都让座，心里觉得很坦然"（I136）
自责	认知	4	"我还是比较消极的，认为自己自作自受，并告诉自己以后不要再犯同样的错误"（I31）
掩饰	行为	4	"没有什么特别的想法，只是首先让自己不要大惊小怪，装作若无其事，也不会引起别人注意，就比较好一带而过了"（I125）
反复回想	认知	3	"有时会想起这件事，越想越羞辱，甚至想报复，但其实自己什么也干不了"（I58）
积极重评	认知	3	"……但随着时光的流逝，物转星移，我以此为戒"（I5）
积极重新关注	认知	3	"控制自己的情绪，暂时想其他的能够让自己心情愉悦的事情"（I44）
接受	认知	2	"先想，既然已经发生，无法挽回，就忍了吧，然后试图让自己平静，坦然面对，这样想以后觉得轻松一些"（I50）
否认	认知	1	"我想我否认了此事，自己给自己的解释是我没有明确的指责行为"（I137）

在被试所报告的调节策略中，出现了一种新的认知调节策略，即个体在头脑中不去想糟糕的羞耻事件，而是想一些让自己感到愉快的事情，这是一种认知层面的转移注意力。根据之前研究者的分类（Garnefski et al.，2001），将其命名为积极重新关注。从功能上来看，这类策略属于从认知上回避看到羞耻事件对自我认同造成破坏的防御型调节策略。

从具体策略类型来看，重新计划-自我改变策略和转换视角类策略是报告比例最高的策略，大约有 1/5 左右的被试报告了这类策略。在转换视角类策略中，旨在改变他人评价程度占到 3/4。从防御型和修复型策略类别来看，60% 以上的被试报告了防御型的调节策略，40% 左右的被试报告了修复型的策略。

使用卡方检验分别考察被归为个人无能（总）、违背道德（总）和替代性羞耻这三种不同羞耻事件类型中被试所报告的有意识调节策略选用上的差异。结果发现，仅在转换视角、重新计划-自我改变和弥补三种策略上事件类型对其选择有影响。在转换视角上，报告个人无能事件的被试更多使用转换视角的策略（22.4% 和 8.3%，$p=0.066$）；在弥补策略上，没有报告个人无能事件的个体更多采用弥补的策略（16.7% 和 7.2%，$p=0.012$），报告违背道德的被试更多采用弥补的策略（26.1% 和 1.4%，$p=0.001$）；在重新计划-自我改变策略上，报告违背道德事件的被试更多采用这一策略（34.8% 和 15.5%，$x=4.01$，$p=0.045$）。

使用卡方检验考察男女被试在选择这些策略上的可能差异，结果并未发现任何差异。

3）量化评定上的结果

（1）基本结果。被试在自尊、害怕负面评价、特质羞耻以及对羞耻事件回忆的羞耻情绪强度、事件影响程度、自我负性认知评估、归因及调节效果评定的基本结果列于表 2-14。从表中可见，被试报告的羞耻事件中的羞耻情绪强度在五分以上，表明被试回忆的羞耻事件中的主观羞耻情绪体验还是较为强烈的。使用独立样本 t 检验考察在量化评定上可能的性别差异，结果发现男女被试仅在害怕负评价得分上有显著差异，女性显著高于男性。

表2-14　男女被试在量化评定上的得分情况

类别	性别	N	$m \pm s$	t	df	p
自尊	男	20	31.10±3.09	0.02	95	0.98
	女	77	31.08±3.83	/	/	/
害怕负评价	男	20	78.35±18.04	−3.79	92	0.00
	女	74	93.54±15.28	/	/	/
特质羞耻总分	男	20	50.25±11.84	−0.40	94	0.69
	女	76	51.47±12.09	/	/	/
事件羞耻强度	男	18	5.56±1.04	1.35	83	0.18
	女	67	5.10±1.30	/	/	/
自我行为	男	20	3.15±1.50	−0.55	87	0.58
	女	69	3.35±1.38	/	/	/
自我能力	男	20	2.80±1.32	−0.54	87	0.59
	女	69	2.99±1.38	/	/	/
自我整体	男	20	2.55±1.19	0.18	87	0.86
	女	69	2.49±1.27	/	/	/
他人行为	男	20	3.05±1.19	0.80	87	0.42
	女	69	2.80±1.26	/	/	/
他人能力	男	20	2.75±1.29	0.08	87	0.93
	女	69	2.72±1.17	/	/	/
他人整体	男	20	2.60±0.99	0.78	87	0.44
	女	69	2.36±1.25	/	/	/
归因位置	男	20	4.05±1.19	1.13	86	0.26
	女	69	3.68±1.33	/	/	/

续表

类别	性别	N	m±s	t	df	p
归因可控性	男	20	3.75±1.29	1.09	87	0.28
	女	69	3.36±1.42	/	/	/
归因稳定度	男	20	3.95±1.28	1.19	87	0.24
	女	69	3.55±1.33	/	/	/
调节情绪	男	20	3.55±0.89	0.18	87	0.86
	女	69	3.49±1.36	/	/	/
调节自我满意度	男	20	3.00±1.08	0.00	87	1.00
	女	69	3.00±1.15	/	/	/
调节自我能力	男	20	3.20±1.15	-0.42	87	0.67
	女	69	3.33±1.27	/	/	/
调节他人印象	男	20	3.20±1.11	1.05	87	0.30
	女	69	2.90±1.14	/	/	/
调节整体	男	20	3.00±1.08	0.04	87	0.96
	女	69	2.99±1.32	/	/	/

注：N为样本量；m±s为平均值标±标准差；t为独立样本t检验的统计值；df为自由度；p为t检验的显著系数

（2）羞耻情绪强度、负性自我认知评估及调节有效性评定之间的关系。使用Pearson相关考察被试在所回忆的羞耻事件中羞耻体验强度，负性自我认知评估及调节效果量化评定上的关系，结果列于表2-15。从表中可见，被试的羞耻体验和其所具有的两类负性自我认知评估条目之间具有低度到中度相关（$r=0.23 \sim 0.49$），提示被试所体验到的羞耻情绪越高，越有可能会对自己有负性的评价，也会认为他人更有可能会对自己有负性评价。羞耻情绪和调节的效果各评定之间存在显著低度负相关（$r=-0.22 \sim -0.35$），即提示羞耻情绪体验越高，调节效果各条目的评定越低。

在和情绪调节效果条目的关系上，所有自我指向的负性认知评估条目和能有效降低羞耻情绪均无显著相关；但所有他人指向的条目则和能有效

表2-15 被试在所回忆的羞耻事件中量化评定之间的相关（N=91~97）

	影响	自我行为	自我能力	自我整体	他人行为	他人能力	他人整体	调节情绪	调节自我满意	调节能力	调节他人印象	调节总体
羞耻程度	0.56**	0.37**	0.23*	0.27**	0.49**	0.37**	0.36**	-0.35**	-0.26*	-0.26*	-0.23*	-0.22*
影响		0.14	0.32**	0.24*	0.29**	0.35**	0.26*	-0.32**	-0.17	-0.23	-0.14	-0.06
自我行为			0.51**	0.53**	0.54**	0.40**	0.39**	-0.16	-0.26*	0.17	-0.27**	-0.18
自我能力				0.57**	0.51**	0.65**	0.42**	-0.16	-0.31**	-0.24*	-0.20	-0.18
自我整体					0.59**	0.55**	0.67**	-0.18	-0.37**	-0.24*	-0.28**	-0.21*
他人行为						0.77**	0.66**	-0.29**	-0.29**	-0.28**	-0.27**	-0.22*
他人能力							0.59**	-0.29*	-0.34**	-0.29**	-0.28**	-0.26**
他人整体								-0.36**	-0.30**	-0.26*	-0.29**	-0.18
调节情绪									0.41**	0.48**	0.36**	0.35**
调节自我满意										0.69**	0.72**	0.72**
调节能力											0.72**	0.59***
调节他人印象												0.63**

** $p < 0.01$，* $p < 0.05$

降低羞耻情绪呈显著低度到中度负相关（$r=-0.29 \sim -0.36$），表明个体越是觉得他人可能会对自己有不同程度的负性评价，就越觉得难以很快降低羞耻的主观体验。在对提高自我满意度方面的评价上，两类自我负性认知评估的所有条目和其呈显著低度到中度负相关（$r=-0.26 \sim -0.37$），表明个体越对自己有负性的评价，或越认为他人有可能对自己有负性的评价，则越发觉无法通过调节来提高对自己的满意程度。在对提高自己能力方面的评价上，除了自我指向的行为负性评价之外，其他条目都和其呈显著低度负相关（$r=-0.24 \sim -0.29$），表明自我负性认知评估程度越严重，个体越发觉得无法通过调节来提高自己这方面的能力，但个体对自己行为的负性评价严重程度则和提高能力有效性的评估无明显关系。在改善他人对自己印象的有效性评估上，除自我指向的能力负性评价之外，其他条目和其均有低度负相关（$r=-0.27 \sim -0.29$），表明自我负性认知评估的程度越严重，个体越发觉得无法通过调节来改善他人对自己的印象，但个体对自己能力的负性评价严重程度则和提高他人评价的有效性评估无明显关系。在整体调节效果的评定上，指向自己的整体负性评价和他人指向的行为及特质负性评价与这一指标呈显著低度负相关（$r=-0.21 \sim -0.26$）。

调节有效性各评定之间呈中度到高度相关（$r=0.35 \sim 0.72$），说明总体而言，某一类型的调节效果越好，其他类型的调节效果也越好，但不同调节效果类型之间的关系仍不尽相同。能很快降低羞耻情绪和其他有效性评估的指标之间的相关相对较低（$r=0.35 \sim 0.41$），其他四种类型的有效性评估之间相关较高（$r=0.59 \sim 0.72$）。

（3）自尊、害怕负评价及特质羞耻和情绪、认知及调节效果评定之间的关系。使用Pearson相关考察自尊，害怕负评价及ESS羞耻总分和被试在所回忆的羞耻事件中羞耻情绪强度、负性认知及调节效果量化评定上的关系，结果列于表2-16。从表中可见，自尊和羞耻强度呈显著低度负相关，与自我指向的整体自我负性评价和他人指向的整体自我负性评价呈中低度负相关。在效果评定的各个指标中，自尊和除了整体效果评定之外的指标均呈显著低度到中度相关（$r=0.24 \sim 0.35$）。

表2-16　自尊、害怕负评价及特质羞耻与情绪、认知及调节效果评定之间的关系
（ N =85～97）

类别	自尊	害怕负评价	特质羞耻
羞耻强度	−0.29**	0.1	0.18
自我行为	−0.16	0.09	0.2
自我能力	0.04	0.11	0.15
自我整体	−0.31**	0.25*	0.40**
他人行为	−0.18	0.1	0.32**
他人能力	−0.1	0.19	0.32**
他人整体	−0.27*	0.22*	0.49**
调节情绪	0.31**	−0.23*	−0.35**
调节自我满意	0.35**	−0.29**	−0.32**
调节能力	0.24*	−0.26*	−0.21*
调节他人印象	0.28**	−0.26*	−0.17
调节总体	0.2	−0.34**	−0.17

** $p< 0.01$ ，* $p<0.05$

　　在害怕负面评价中，其与自我指向的整体自我负性评价和他人指向的整体自我负性评价呈低度相关，和各调节效果评定指标上均存在中低度负性相关。在ESS量表评估的特质羞耻和自我指向的整体自我负性评价及所有他人指向的自我负性评价有显著低度到中度的相关，并和调节效果中降低羞耻情绪和提升自我满意度的评定有中低度负相关。

　　4）编码的内容和量化评定之间的关系

　　（1）有意识调节策略的使用与各量化评定之间的关系。考察报告有意识进行情绪调节和报告没有进行调节的被试在回忆事件的羞耻情绪体验强

度、负性认知评价及调节效果等变量中的差异发现，相比有主动调节羞耻情绪的个体而言，没有主动调节的被试报告了更倾向于认为自我行为（t_{89}=-2.32，p=0.027）和自我整体是糟糕的（t_{89}=-2.83，p=0.006）；更不认为能通过调节来提高对自我的满意度（t_{89}=2.02，p=0.047）、他人对自己的印象（t_{89}= 2.02，p=0.047），对整体调节效果也更不满意（t_{89}= 2.24，p=0.034）。

使用独立样本 t 检验考察有意识地使用和未使用特定类型的调节策略的个体在回忆的情绪体验、认知和调节效果上的差异。由于有的类型的调节策略使用人数太少，故仅比较了提及次数在 8 次以上的调节策略。

结果发现，在重新计划-改变自我型策略上，使用和未使用的个体在总体调节有效性的评价上有边缘显著差异（t_{90}=-1.781，p=0.078），使用这一策略的被试认为自己总体上对羞耻情绪的调节是更有效的。

在转换视角策略上，使用和未使用的个体在对自我指向的能力负性评价（t_{90}=2.18，p=0.032），归因可控性（$t_{31.55}$=-2.82，p=0.008）和稳定性的评价（$t_{48.03}$=-2.59，p=0.000）上有显著差异，即使用该策略的个体更不认为自己的能力是糟糕的，并认为该事件发生的原因更稳定、更可控。

在回避策略上，使用和未使用该策略的个体在归因稳定性上有边缘显著差异（t_{90}=1.86，p=0.066），使用该策略的人认为事件发生的原因更不稳定。

在压抑策略上，使用和未使用该策略的个体在对自我指向的行为负性评价上（t_{90}=-2.58，p=0.012）差异显著，在归因位置（$t_{16.81}$=-3.67，p=0.002）和归因可控性上（$t_{13.42}$=-2.99，p=0.010）差异显著，即使用该策略的个体更倾向于认为自己的行为是糟糕的，也更认为此事发生的原因和自己有关，更是可控的。

在社会支持策略上，使用和未使用该策略的个体在对自我指向的整体负性评价上（$t_{12.71}$=1.93，p=0.056）有边缘显著的差异，在对归因位置的评价上（$t_{21.9}$=-4.14，p=0.00）差异显著，在自己满意度调节指标上有边缘显著差异（t_{90}=-1.82，p=0.072），在提高自我能力调节指标上差异显著（$t_{16.01}$=-3.97，p=0.001），表明使用该策略的人更不倾向于认为自己整体上是糟糕的，更倾向于认为此事发生的原因和自己有关，并且认为自己通过调节可以更多地提高对自己的满意度及自己的能力。

在责备他人策略上，使用和未使用该策略的个体在对自我指向的能力负性评价（t_{90}=2.58，p=0.012）和自我指向的整体负性评价上（t_{90}=2.23，p=0.029）差异显著，在归因位置上（t_{89}=2.55，p=0.012）差异显著，表明使用该策略的人对自己能力和自己整体的负性评价更少，不认为事情发生的原因和自己有关。

（2）防御型和修复型策略的使用与各量化评定之间的关系。考虑到在事后行为中，有不少被试报告的是羞耻事件发生一段时间之后的情况，因而把这些行为反应看成调节后的行为后果更为恰当。因此，仅将被试所报告的当时想法、行为和其报告的有意识使用的调节努力中被编码的情绪调节策略合并为两类：即防御型策略及修复型策略（想法中的重新计划-改变自我，当时行为中的补救/弥补行为、社会支持行为及有意识调节策略中的重新计划-改变自我策略、弥补策略和社会支持策略）。再将防御型策略进一步分成3类：隐藏/回避类策略（想法中的幻想逃避，当时行为中的掩饰、回避/离开现场、退缩/社交退缩、压抑、继续任务和有意识调节策略中的回避策略、压抑策略、转移注意力、掩饰和积极重新关注），重新评价类策略（想法中的转换视角和有意识调节策略中的转换视角类策略及积极重评策略）及否认攻击类策略（想法中的责备他人和否认，当时行为中的责备他人和否认及有意识调节策略中的责备他人和否认策略）。

按照这种分类方式，被试中有89.1%的人曾经使用过防御型的策略，使用过修复型策略的则占到49.9%，39.1%的人同时使用了两种策略。在使用防御策略的被试中63%的人曾使用隐藏/回避策略，23.9%的人使用过重新评价策略，43.5%的人使用过否认攻击策略。

利用独立样本 t 检验使用两种类型的策略和未使用这种策略的被试在回忆事件中的羞耻情绪强度、自我负性认知评估以及调节效果指标上的差异。

结果发现，曾使用防御型策略的个体与未使用该策略的个体相比，在提高自我满意度有效性（$m_{使用}±s$=2.90±1.16，$m_{未使用}±s$=3.80±0.79，t_{89}= 2.382，p= 0.019），提高自我能力有效性（$m_{使用}±s$=3.16±1.32，$m_{未使用}±s$=4.10±0.99，t_{89}= 2.175，p=0.032），提高他人印象有效性（$m_{使用}±s$=2.83±1.19，$m_{未使用}±s$=3.70± 0.95，t_{89}=2.228，p=0.028）及整体有效性（$m_{使用}±s$=2.83±1.28，$m_{未使用}±s$=3.90± 0.99，t_{89}=2.548，p=0.013）上有显著差异，表明使用防御型策略的个体更不认为通过调节能提高对自己的满意度、自己的能力及能改善他人对自己的印象，对整体调节效果也更不满意。

曾使用修复型策略的个体和未使用该策略的个体相比，在平复情绪的有效性（$m_{使用}±s$=3.77±1.20，$m_{未使用}±s$=3.26±1.29，t_{89}=-1.976，p=0.051）上有边缘显著差异，在提高自我满意度的有效性（$m_{使用}±s$=3.34±1.16，$m_{未使用}±s$=2.68± 1.07，t_{89}=-2.829，p=0.006），提高自我能力有效性（$m_{使用}±s$=3.68±1.29，$m_{未使用}±s$=2.87±1.22，t_{89}=-3.068，p=0.003）及整体调节有效性（$m_{使用}±s$=3.48± 1.27，$m_{未使用}±s$=2.45±1.12，t_{89}=-4.119，p=0.000）上有显著差异，表明使用修复型策略的个体更倾向于认为通过调节能平复羞耻情绪，能提高对自己的满意度和自己的能力，对整体调节效果也更满意。

同样采用独立样本 t 检验考察使用三类防御型策略和未使用该策略的被试在回忆事件中的羞耻情绪强度、影响程度、自我负性认知评估及调节效果指标上的差异。

结果发现，曾使用隐藏/回避类防御型策略的个体与未使用该策略的个体相比，在他人指向的自我负性行为评价（$m_{使用}±s$=3.10±1.18，$m_{未使用}±s$= 2.56±1.28，t_{89}=-2.073，p=0.041），他人指向的自我整体负性评价上（$m_{使用}±s$=2.68±1.19，$m_{未使用}±s$=2.12±1.20，t_{89}=-2.182，p=0.032），羞耻情绪平复的有效性上（$m_{使用}\pm s$=3.19±1.34，$m_{未使用}\pm s$=4.03±0.94，$t_{86.69}$= 3.490，p=0.001）提高自我满意度有效性（$m_{使用}\pm s$=2.72±1.11，$m_{未使用}\pm s$=3.47±1.08，t_{89}=3.148，p=0.002），提高自我能力有效性（$m_{使用}\pm s$=2.93±1.29，$m_{未使用}\pm s$=3.82±1.17，t_{89}=3.304，p=0.001），提高他人印象有效性（$m_{使用}\pm s$=2.70±1.16，$m_{未使用}\pm s$=3.29±1.17，t_{89}=2.345，p=0.021）及整体有效性（$m_{使用}\pm s$=2.70±1.25，$m_{未使用}\pm s$=3.35±1.28，t_{89}= 2.382，p=0.021）上有显著差异，表明使用隐藏/回避类防御型策略的个体更倾向于认为他人会对自己的行为和自己整个人有负性的评价，更不认为通过调节能有效缓解羞耻情绪，能提高对自己的满意度、自己的能力，能改善他人对自己的印象，对整体调节效果也更不满意。

曾使用重新评价类防御型策略的个体和未使用该策略的个体相比，在归因可控性（$m_{使用}\pm s$=4.04±1.13，$m_{未使用}\pm s$=3.25±1.44，$t_{44.86}$=−2.682，p=0.010）上有显著差异，表明使用认知重构类防御型策略的个体认为羞耻事件发生的原因更可控。

曾使用否认攻击类防御型策略的个体与未使用该策略的个体相比，在自我指向的行为负性评价（$m_{使用}\pm s$=3.00±1.48，$m_{未使用}\pm s$=3.61±1.25，t_{89}=2.119，p=0.037），自我指向的能力负性评价（$m_{使用}\pm s$=2.65±1.49，$m_{未使用}\pm s$=3.24±1.24，t_{89}=2.040，p=0.044），自我指向的整体负性评价（$m_{使用}\pm s$=2.25±1.27，$m_{未使用}\pm s$=2.78±1.28，t_{89}=1.988，p=0.050），他人指向的自我负性能力评价上（$m_{使用}\pm s$=2.48±1.24，$m_{未使用}\pm s$=3.02±1.14，t_{89}= 2.176，p=0.005），他人指向的自我整体负性评价上（$m_{使用}\pm s$=2.08±1.21，$m_{未使用}\pm s$=2.78±1.15，t_{89}= 2.852，p=0.005），归因位置上（$m_{使用}\pm s$=3.28±1.36，$m_{未使用}\pm s$=4.34±0.89，$t_{64.57}$= 4.466，p=0.000），归因可控性上（$m_{使用}\pm s$=3.00±1.52，$m_{未使用}\pm s$=3.78±1.24，t_{89}=2.714，p=0.008）及归因稳定度上（$m_{使用}\pm s$=3.40±1.39，$m_{未使用}\pm s$=3.94±1.15，t_{89}=2.026，p=0.046）有显著差异，表明使用否认攻击类防御型策略的个体更不倾向于认为自己的行为、能力和整体自我是糟糕的，也更不

倾向于认为他人会对自己的能力和自己整个人有负性的评价，同时倾向于认为羞耻事件发生的原因是和自己无关的，是自己更无法控制的，也是更容易改变的。

4. 讨论

本研究使用对开放性问卷进行质性文本分析结合量化评定情绪体验各成分的方法，着重考察了106名中国大学生在亲身经历的羞耻事件中，情绪调节策略的选用和调节效果，以及可能对策略选用和调节效果造成影响的因素。总体而言，无论是本研究质性分析的结果还是量化评定的结果，都很好地验证了半结构深度访谈的主要结果和结论，并在羞耻情绪的现象学特点、情绪调节策略的选用和其影响因素，以及情绪调节的效果及其影响因素上有了进一步的发现。

1）羞耻情绪体验的现象学图景：事件类型的影响

本研究在更大的样本中基本重复验证了子研究1中得到的在具体的羞耻事件中，羞耻情绪体验的四个主要现象学特点，并在此基础上有了一定的补充和修订。第一，是主观上，痛苦的负性情绪体验，并可伴随有其他负性情绪，其中最为常见的是悲伤和愤怒两种基本负性情绪；第二，是在认知上，诱发羞耻情绪的核心认知是从自己和他人的视角对自己有负性的评价；第三，是行为上，最初以回避、隐藏和掩饰的行为为主，但在整个情绪体验过程中，可根据事件的性质和情绪调节的策略而有多种其他的行为反应，其中常见的即时反应是责备他人和弥补行为；第四，是个体会花费较多认知层面和行为层面的努力来对羞耻情绪进行调节。

和研究1的结果稍有不同的是，在对被试报告的羞耻事件当时的想法上，并非每个被试都报告了自我负性认知评估类的想法，这类想法占到所报告的想法的60%，另有40%是调节类的想法。这可能是由以下三个原因造成的：①开发性的问卷并非像半结构访谈那样可以对个体进行追问，被试的报告一般都比较简单，所以推测被试仅报告了自己印象比较深刻的想法，而没有报告所有当时的想法。②情绪的认知评价理论本身（Scherer，1999）指出，个体并非能非常清晰地意识到或回忆起诱发个体情绪体验的认知评价过程，这些过程是可以迅速发生、转瞬即逝的。而且在半结构访谈中，有时需访谈者反复追问才能获得个体的自我负性认知评估。因此，推测由于事件中的自我负性认知评估过程发生得相当快，有些被试在填写开放性问题时并没有回忆起这些想法。③这可能和本研究中羞耻事件的种类有关。本研究中有10%左右的被试报告了替代性羞耻事件，在个人无能类的羞耻事件中，报告因被人攻击或羞辱而导致羞耻的比例也占到20%左右。而在半结构深度访谈中，大部分的羞耻事件是和学业失败或竞争失败有关的。在替代性羞耻事件和个人被羞辱的事件中，个体本身的过失或无能相对会更少一些，因而负性认知评估的想法也可能会更少一些。这一假设在考察事件类型和量化评定的自我负性认知评估各条目之间的关系时得到了支持。和未报告该类羞耻事件的被试相比，报告被他人羞辱的被试更不认为自己的行为是糟糕的，在替代性羞耻事件中，被试也更倾向于不认为自己的行为是糟糕的，并更倾向于不认为他人会对自己的行为有负性评价；而报告个人错误/无能被揭示的被试更倾向于认为别人可能会对自己的行为有负性的评价，报告公共场合出丑的被试更倾向于认为自己的行为是糟糕的。

半结构深度访谈和半开放性问卷调查在报告事件类型上的差异也部分解释了在现象学特征上的另一细微差别，即相比之下，半开放性问卷调查显示了更高比例的愤怒情绪体验，以及更高比例的责备他人的认知和行为反应。不少研究都表明，羞耻情绪常会引发个体的愤怒及攻击行为（Allison，2000；Heaven et al.，2009；Tangney et al.，1992；Tangney et al.，1996），但这些研究并没有深入探讨为何羞耻情绪会引发个体的攻击行为和愤怒。另外，无论是 Gilbert（2007）对羞耻情绪构建的进化及生物-心理-社会理论模型，或 Trumbull（2003）把羞耻情绪视为人际创伤的一种急性反应的论述，以及 Lee 等（2001）基于羞耻情绪和内疚情绪的创伤后应激障碍模型，都指出个体会使用责备他人的方式来应对自我认同受到外部攻击的局面，并会体验到愤怒的情绪，尤其是在这种对自我认同的攻击在某种程度上是他人强加在个体之上（如在个体被他人羞辱的情况下），和个体对自我认同的看法并不一致的时候。在本研究中，笔者考察调节策略的使用和量化评定指标间的关系时也发现，在有意识使用责备他人策略的个体中，相对未使用该策略的人，更不倾向于对自己的能力和自己整体有负性的评价，也更倾向于不认为事情发生的原因和自己有关，但在他人指向的自我负性评估条目上是和未使用该策略的人没有差异的。而若将在整个羞耻体验过程中曾使用过否认攻击型策略的人同未使用该策略的人相比，同样发现这些个体总体上对自己的负性评价更少，对事件发生的原因更倾向于做不可控、不稳定的向外归因，本研究的这些结果和上述的理论阐述是一致的。

2）羞耻情绪的调节策略的选用及其影响因素：动态认知评估的结果

在羞耻情绪调节策略的选用上，本研究也验证了半结构深度访谈研究的主要发现，即被试采用的认知和行为调节策略可大致分为防御型和修复型两类，而且防御型策略也是更常见的情绪调节策略。在本研究中，近90%的个体都会采用某种旨在减轻或拒绝羞耻事件对自我认同造成伤害的防御型策略，近50%的个体会采用旨在修复自我认同损伤的修复型策略，近40%的被试会同时使用两种类型的策略。而在防御型策略中，超过60%的人会使用隐藏/回避类旨在让他人或自己对被暴露的糟糕的自我认同"视而不见"的调节策略；25%的个体会使用重新评价类策略，从认知层面上重构该消极事件对自我认同的破坏程度；近50%的人会使用否认攻击类策略，期望通过拒绝承认该事件对自我认同的损伤来调节情绪。在具体策略的选用上，笔者研究发现，报告比例较高的策略包括责备他人策略、重新计划-自我改变策略、转换视角策略、回避策略及弥补策略。

此外，本研究还进一步考察了可能影响个体调节策略选用的因素，发现影响个体调节策略选用的最主要因素是与羞耻情绪体验相关的认知评估过程，包括自我负性评估过程及归因过程，而情绪体验的主观强度则并不会对调节策略的选用造成太大影响。这个发现是和情绪认知评价模型（Scherer，1999）及情绪调节的情境应对模型对情绪调节过程的描述（Garnefski et al.，2001）相符合的，也初步验证了整个研究总体框架图的构想。具体到特定调节策略的选用上，认知评估过程的影响主要表现在防御型的策略选择上。第一，若个体对自己的负性评价越严重，或者/及越倾向于认为他人会对自己有负面的评价，而且认为此事发生的原因是和自己有关的，则有更大可能性会采用隐藏/回避类的防御型策略，甚至无法主动采用任何具体策略来调节情绪；第二，若个体认为他人可能会对自己有负性评价，并且对事件做了相对可控、稳定且自我指向的归因，则更可能会采用重新评价类的防御型策略；第三，若个体给予自己负性评价的程度越小，且并不倾向于他人会对自己有整体的负性评价，同时又对事件做了相对不可控、不稳定和向外的归因时，则有更大可能性会采用否认攻击类的防御型策略；第四，若个体更多认为是自己的行为而不是整个人是糟糕的，并担忧他人可能会对自己有负性的评价时，同时又认为这件事的发生是和自己有关的，则有更大可能性会采用被动的修复型策略，即寻求亲密他人的支持和安慰。

从上述结果来看，个体对羞耻情绪调节策略的选择可以被视为一种对诱发事件做动态认知评估的过程，其一是对消极事件发生的原因进行评估，这是个体对任何消极事件普遍会做的一种评估过程（Turner and Schallert，2001；侯玉波，2002）；其二是评估这一消极事件对自我和他人眼中的自我认同所造成的影响，这一评估则更多是羞耻情绪所独有的。同样，从调节策略的类型上来看，在半结构深度访谈和半开放性问卷调查中发现的策略并没有超出之前研究者所界定的认知和行为调节策略（Compas et al., 2001；Folkman and Moskowitz, 2004；Garnefski et al., 2001；Gross and Hansen, 2000），但各策略具体的内容和出现的频率则有着羞耻情绪的特异性。

3) 羞耻情绪的调节效果及其影响因素

在半结构深度访谈的研究的基础上，本研究主要从三个方面考察个体对羞耻情绪调节的有效性，分别是平复羞耻情绪主观体验、恢复在个体和他人眼中的积极自我认同及个体知觉到的整体情绪调节有效性。研究发现，尽管总体上这些调节有效性指标之间有较高的相关（$r=0.35 \sim 0.72$），但相对而言，平复羞耻情绪和其他两类指标相关度较低（$r=0.35 \sim 0.41$），这提示，能有效平复情绪并不意味着能恢复积极的自我认同，并认为自己调节的努力整体上是有效，反之也亦然。

本研究还考察了羞耻情绪调节效果的影响因素，发现情境性因素、调节策略类型和人格特质性的因素都能影响到情绪调节的效果。在情境因素中，总体而言，个体体验到的羞耻主观情绪越强烈，给自己的负性评价和预期他人对自己的负性评价越严重，认为事件发生的原因越不能够改变，调节效果越差。在调节策略类型上，使用防御型策略的个体，且主要是使用隐藏/回避类防御型策略的个体在所有调节指标上的评定都显著低于未使用该类策略的人；而使用修复型策略的个体则相比之下对调节效果更满意，他们认为通过调节能更好地平复羞耻情绪，能提高对自己的满意度和自己的能力，并对整体调节效果也更满意。在人格特质性的因素上，总体而言，个体的自尊越低，越具有害怕他人负面评价的特点，则在各调节有效性的指标评定上越差，但羞耻易感性越高的个体并非在所有调节指标上都有更不满意的评定，只表现为更不认为自己能通过调节来平复羞耻情绪，以及不相信能通过调节提高对自己的满意程度。

上述结果也为进一步阐释羞耻情绪的整体病理作用机制提供了一些重要线索。在 Bradley（2000）提出的整合的"大脑–心理"的情绪调节模型中，她指出，应激会导致个体使用不同类型的策略来调节，如果调节失败，应激所造成的痛苦就会持续存在，从而最终发展成为症状或障碍，而症状是个体的情绪体验和个体情绪调节过程的一种共同反映。她同时还提出，遗传素质和后天经验因素既会影响到个体是否容易体验到过度的应激或情绪唤起，也会影响到具体情绪调节策略的选择。如果综合本研究的上述结果，则可发现能较好地吻合 Bradley 提出的模型，即羞耻事件的情境性因素（确切地说是羞耻情绪唤起强度及个体对羞耻事件对自我认同破坏程度的评价）、调节策略类型和人格特质性的因素都会影响到情绪调节的最终效果。尽管本研究的方法学特点无法提供直接的因果实证证据来证明人格特质方面的因素（自尊、害怕负评价程度、特质性羞耻）会影响个体的情绪唤起和策略选择，但相关分析结果却为这一假设提供了证据。本研究发现，个体的自尊水平、害怕负面评价特点及羞耻易感性都是和个体在具体羞耻事件中对自己做整体性的负性评价，并预期他人会对自己做整体性的负性评价有中等程度的相关；同时本研究还发现，个体越是倾向于做整体性的自我负性评价，则越可能选择隐藏/回避类情绪调节策略，而选择这类策略又会导致个体无法有效调节羞耻情绪。这种调节失败既表现在个体会在相对更长的时间里持续体验到羞耻情绪唤起，又表现为个体会知觉到自我认同在自己和/或他人眼中是消极的。而这种调节失败的后果很可能会进一步降低个体自尊，或/和提高对他人负性评价的敏感性。这一羞耻情绪的"过度唤起+调节失败"的负性循环最终会发展成为某种症状或障碍，例如社交退缩、反复回想和自责等。

5. 小结

本研究得到的主要研究结论如下。

（1）个体会使用防御型和修复型两大类型的策略来调节情绪体验，且使用防御型策略的个体比例高于修复型策略：89.1%的人曾使用防御型策略，其中63%的人曾使用隐藏/回避类策略，23.9%的人使用重新评价类策略，43.5%的人使用否认攻击类策略；使用修复型策略的个体占49.9%，而39.1%的人同时使用了两种类型的策略。

（2）个体对羞耻情绪调节策略的选择可被视为对诱发事件做动态认知评估的过程，自我负性认知评估过程及归因过程是影响个体调节策略选用的最主要因素。

（3）羞耻事件的情境性因素、个体所使用的调节策略类型和个体的人格特质都能影响到羞耻情绪调节的效果。个体在羞耻事件的情绪强度和负性自我认知评估严重程度越高，使用隐藏/回避类防御型策略的可能性越大，使用修复型策略的可能性越少。

2.2 研究二 特定自我负性认知评估类型对羞耻认知情绪调节策略选择的影响

2.2.1 子研究1：羞耻情境故事中特定自我负性认知评估对羞耻认知情绪调节策略选择的影响

1. 问题提出

研究一的两个子研究的结果为问题部分提出的总体研究框架提供了初步的证据。第一，对于诱发羞耻情绪而言，自我指向的自我负性认知评估（"我"评估"我"）及他人指向的自我负性认知评估（"我"评估"'他人'评估'我'"）同是诱发羞耻情绪的核心认知评估过程。第二，由于羞耻情绪是一种痛苦且对个体的自我认同有重要评价效用的情绪，个体会采用多种认知和行为层面的调节策略来调节这一情绪对自己的影响，这种情绪调节的努力可被概括为一种在防御羞耻事件对自我认同的攻击和承认并修复这一事件对自我认同的损伤这两极之间寻求平衡的过程，并按照其在防御与修复连续体上的位置大致归纳了五种情绪调节的策略：否认攻击类的防御型策略、重新评价类的防御型策略、隐藏/回避类的防御型策略、间接修复型策略和直接修复型策略。并发现在被试群体中，使用防御型策略的个体比例高于修复型策略，而防御型策略中比例最高的是隐藏/回避类策略，其次是否认攻击类策略，最后是重新评价类策略。第三，半结构深度访谈研究和半开放性问卷调查研究初步证明了个体对羞耻情绪调节策略的选择是对诱发事件做动态认知评估的结果，自我负性认知评估过程和个体对事件的归因过程都会影响个体调节策略的选用，而且这种影响似乎更多表现在对防御型策略的选择上。

在研究一的基础上，研究二期望通过两个子研究着重考察在个人无能类型的羞耻事件中，特定类型的自我负性认知评估对个体在羞耻情绪唤起后选择的认知调节策略的可能影响。与研究一所使用质性研究方法有所不同的是，研究二使用心理学实验方法，通过操纵被试可能对负性评价事件所做的两种负性自我认知评估类型，并同时诱发被试羞耻情绪的方式更直接地考察特定认知评估类型对认知调节策略选用的影响。鉴于在研究一中发现，除了自我负性认知评估过程会对策略的选用有所影响外，个体对事件所做的归因及个体本身的一些人格特质，例如，自尊、特质羞耻和害怕负性评价的水平也会影响认知策略的选用，因而在研究二中，同时也会考察个体的归因过程及其人格特点并将其作为控制变量在实验中加以控制。

在选择作为因变量的认知调节策略上，首先，参考了研究一对调节策略的归类及对个体使用频率的统计结果。在研究一所做的策略分类中，除了间接修复型策略外，在否认攻击类策略、重新评价类的策略、隐藏/回避类策略和直接修复型策略中都包括了认知调节策略，因而选择了四类策略中个体使用频率相对较高的六种策略，分别是否认攻击类防御策略中的责备他人策略（指的是个体把负性事情发生的原因归咎于其他人或外在客观环境上），隐藏/回避类防御型策略中的掩饰策略（指的是个体计划不让他人发现自己有情绪唤起或出现了失误），想象回避（指的是个体幻想能马上离开现场）和积极重新关注策略（指的是被试尝试想一些愉快的事物，或和负性事件无关的事物来避免去想这一负性事件），重新评价中的转换视角策略（指的是个体尝试通过重新评估负性事件，从而降低其严重程度），以及直接修复策略中的重新计划－自我改变策略（指的是个体尝试计划如何积极改变自己，从而应对这一负性事件）。这种选择旨在能最大程度地体现认知调节策略在羞耻情绪上的特异性，即所选择的策略能包含个体常用于调节羞耻情绪的认知策略。从所选择的这六种策略来看，也基本涵盖了以往研究者对个体羞耻情绪的调节方式描述（Elison et al.，2006；Lee et al.，2001；Nathanson，1992；Trumbull，2003；钱铭怡等，2003）。

其次，为了同时在所选的策略上体现一定的普遍性，即所选择的认知调节策略中也包含个体常用于调节一般的负性事件和负性情绪的策略，因而主要参考了Garnefski及其同事（Garnefski and Kraaij，2006；Garnefski et al.，2005；Garnefski et al.，2001；Garnefski et al.，2004）对认知情绪调节策略所做的界定及在此基础上所做的相关研究。对比Garnefski等对认知调节策略的界定，发现所挑选的六种策略中更多包含的是这些研究者所定义的积极的调节策略，因而在此基础上增加了三种这些研究者所描述的消极策略：灾难化、反复回想和自责策略。从功能上来看，这些策略都旨在维系或扩大负性事件对个体的影响。

研究二将包含两个子研究，分别使用不同的实验范式来诱发羞耻情绪并操纵被试在实验情境中可能做的负性自我认知评估类型。

2. 研究方法

1）被试

参加北京某大学心理学通选课程的本科生116名，其中有10名学生因未完成问卷予以剔除，问卷有效率91.4%。在问卷有效的106名被试中，男生33名，女生73名，年龄范围16~24岁，平均年龄19.45±1.31岁。被试被随机分配到两个研究条件组——自我指向的自我负性认知评估组（以下简称"自我指向组"）和他人指向的自我负性认知评估组（以下简称"他人指向组"），在有效被试中，自我指向组49人，其中男生13人，女生36人；他人指向组57人，其中男生20人，女生37人。

2）研究方法与工具

本研究采用情境实验法，使用情境小故事来唤起被试的羞耻情绪体验。研究为单因素二水平组间设计，自变量为自我负性认知评估类型，分为自我指向与他人指向两个水平，通过直接操纵羞耻情境中主人公的想法来完成。因变量为具体认知情绪调节策略及其行为效果。控制变量为被试体验到的羞耻程度、对事件的归因、被试的特质羞耻、自尊水平及害怕负面评价的程度。

（1）自编情境实验问卷。情境实验问卷分为两个版本：自我指向版和他人指向版，具体问卷参见附录4。两种版本均由三部分组成，除在第一部分情境小故事的内容上有差异外，其他两部分完全相同。问卷的第一部分是一则羞耻情境小故事，描述的是主人公在英语课堂上表现欠佳，老师给予其负性评价。该情境是在笔者之前搜集的约300多个大学生提供的羞耻事件中，从中抽取出的对大学生而言较为典型且羞耻程度较高的个人失败情境改编而来。预实验表明，和其他两个羞耻情境相比，该情境能引发被试的羞耻感最高。小故事由故事主干和实验操纵两部分组成，两个版本的故事主干相同，不同的是实验操纵部分。实验操纵的是故事中主人公的想法，在自我指向条件下，主人公的想法是"我一直很看重自己的表现，所以我觉得这次自己表现得太糟了"；而在他人指向的条件下，主人公的想法是"我一直很看重别人对我的评价，所以我很担心老师和同学会因此对我有很不好的印象"。

问卷的第二部分是要求被试积极想象自己就是故事的主人公，然后使用1~7七点评分评定当时能体验到的生理唤起、目光转移、四种负性情绪（羞耻、伤心、焦虑、愤怒）和事件本身对被试的影响程度，其中1代表完全没有这种体验，7代表能体验到的最强烈的相应体验。

问卷的第三部分是要求被试使用1~5五点评分来评定实验操作检验（自我指向和他人指向的自我负性认知评估，每种均由自我行为、自我能力和整体自我三个条目组成）、归因（归因位置、可控性和稳定性，各有一个条目），以及九种认知情绪调节策略（重新计划-自我改变、掩饰、灾难化、责备他人、自责、反复回想、想象回避、积极重新关注各有一个条目，转换视角两个条目，分别为转换视角-他人评价及转换视角-向下比较）和四种行为后果（寻求社会支持的行为、弥补行为-努力学英语、对他人负性评价-对老师不满、回避行为-回避上英语课各有一个条目）的选项。其中1代表完全不同意，5代表完全同意。

（2）自尊量表（SES）。同研究一的子研究2，本研究样本中的标准Cronbach's Alpha系数为0.81。

（3）大学生羞耻量表（ESS）。同研究一的子研究2，本研究样本中的标准Cronbach's Alpha系数为0.89。

（4）害怕负评价量表（FNE）。同研究一的子研究2，本研究样本中标准Cronbach's Alpha系数为0.91。

3）研究程序

所有被试均在通选课的课堂上填写问卷，当堂收回。问卷由自编情境实验问卷和心理学量表两部分组成。首先被试阅读自编的情境实验问卷，要求积极想象自己就是故事中描述的主人公，并填写相关的情绪评定、实验操作检验及代表认知情绪调节策略及其行为后果的选项。随后被试完成自尊量表、大学生羞耻量表和害怕负性评价量表。在完成问卷后，每位被试得到一份小礼物作为回报。

3. 研究结果

1) 实验条件控制变量及操作检验的结果

使用独立样本 t 检验考察两个实验条件组在性别、生理唤起、目光转移、四种负性情绪体验强度、事件影响程度及其他控制变量上的差异。结果发现，除在归因可控性（他人指向组 $m\pm s=3.78\pm1.10$，自我指向组 $m\pm s=4.19\pm0.97$；$t_{104}=-2.07$，$p=0.041$）和特质羞耻程度（他人指向组 $m\pm s=57.35\pm10.75$，自我指向组 $m\pm s=52.30\pm9.54$；$t_{104}=2.56$，$p=0.012$）上两组有显著差异外，其他变量均无显著差异。在归因可控性上，相比他人指向组，自我指向组认为事件发生的原因更可控；在特质羞耻上，他人指向组的羞耻总分高于自我指向组。这一结果表明，两个实验条件组的实验条件是基本匹配的。此外，两个条件下被试报告较为强烈的羞耻情绪（4.30±1.43），对自己有中等程度的影响（3.93±1.53）。此外，该情境还能唤起被试中等程度的伤心（3.98±1.67）和焦虑的情绪（3.98±1.67），以及轻微的愤怒情绪（2.66±1.54）。

使用 Pearson 相关考察整个被试群体中，自我负性认知评估各条目和两种类型均分及归因的三个维度和羞耻情绪强度之间的关系。结果发现，自我负性认知评估各条目和羞耻情绪强度的相关均显著，相关系数在 0.23~0.50，和自我指向评估均分的相关为 0.47，和他人指向均分相关为 0.46。这表明个体对自我负性认知评估的程度越强，所体验到的羞耻情绪也越强。羞耻情绪强度和归因位置及归因可控性相关显著，相关系数为 0.22 和 0.21，与稳定性维度不显著，表明个体认为事件发生的原因越和自己有关，越可控，则羞耻情绪强度越高。

使用独立样本t检验和相关样本t检验对实验条件的操作进行检验，结果见表2-17。独立样本t检验表明，在自我指向的负性能力评价、他人指向的自我行为负性评价及他人指向的自我能力负性评价强度上，自我指向条件组和他人指向条件组有显著差异，他人指向条件组均显著高于自我指向条件组，在其他条目上则无显著差异。使用自我指向的自我负性评价和他人指向的自我负性评价的条目均分作为变量。结果发现，在自我指向的自我负性评价强度上，自我指向条件组和他人指向条件组无显著差异，但在他人指向的自我负性评价强度上，他人指向组显著高于自我指向组。

进一步使用自我指向和他人指向的条目均分作为检验变量进行相关样本t检验。结果发现，在他人指向组中，自我指向和他人指向的负性评价强度无显著差异；而在自我指向组，自我指向的负性评价强度显著高于他人指向的负性评价。这一结果表明实验操作基本成功，即相比自我指向组，他人指向组的确唤起了被试更强烈的他人指向的自我负性评价，且自我指向组所唤起的自我指向的负性评价强度也显著高于他人指向的负性评价强度。但对于他人指向组而言，实验操作同时也唤起了更强烈的自我指向的负性评价。

表2-17 实验操作检验的结果

变量	实验条件	N	m±s	t	df	p
自我-行为	他人指向	49	3.88±1.24	0.32	104	0.75
	自我指向	57	3.81±1.03	/	/	/
自我-能力	他人指向	49	3.08±1.22	2.47	104	0.02
	自我指向	57	2.54±1.02	/	/	/
自我-整体	他人指向	49	2.78±1.12	1.60	104	0.11
	自我指向	57	2.42±1.15	/	/	/

续表

变量	实验条件	N	m±s	t	df	p
他人–行为	他人指向	49	3.29±1.12	2.17	104	0.03
	自我指向	57	2.82±1.07	/	/	/
他人–能力	他人指向	49	3.06±1.16	1.86	104	0.07
	自我指向	57	2.65±1.11	/	/	/
他人–整体	他人指向	49	2.59±1.17	1.35	104	0.18
	自我指向	57	2.28±1.19	/	/	/
自我负性评价–自我指向均值	他人指向	49	3.24±0.91	1.83	104	0.070
	自我指向	57	2.92±0.89	/	/	/
自我负性评价–他人指向均值	他人指向	49	2.98±1.01	2.09	104	0.039
	自我指向	57	2.58±0.94	/	/	/
他人指向组	自我负性评价–自我指向均值	49	3.24±0.91	1.82	48	0.076
	自我负性评价–他人指向均值	49	2.98±1.01	/	/	/
自我指向组	自我负性评价–自我指向均值	57	2.94±0.89	2.97	56	0.004
	自我负性评价–他人指向均值	57	2.58±0.94	/	/	/

注：N为样本量；m±s为平均值标±标准差；t为独立样本t检验的统计值；df为自由度；p为t检验的显著系数

2) 两个实验组在羞耻认知情绪调节策略及其行为后果上的差异

考虑到两个实验组在归因可控性和特质羞耻上有显著差异，因此使用 ANCOVA 考察两个实验组在九种认知情绪调节策略及其行为后果上的可能差异，归因可控性和特质羞耻作为协变量（见表 2-18）。从表中可见，实验组别主效应显著的认知情绪调节策略有掩饰策略、转换视角–向下比较和灾难化策略；进一步使用 Bonferroni 检验发现，在上述策略上，他人指向组均显著高于自我指向组，即相比自我指向组，他人指向组会更倾向于使用掩饰策略，转换视角-向下比较策略和灾难化策略。

表2-18　两个实验组在调节策略及行为后果上的ANCOVA结果(df=1,102)

变量	条件	N	$m \pm s$	F_m	p_m	F_s	p_s	F_a	p_a
重新计划-自我改变	他人指向	49	4.41±0.86	2.76	0.100	0.10	0.747	8.50	0.004
	自我指向	57	4.21±1.06	/	/	/	/	/	/
掩饰策略	他人指向	49	2.98±1.05	8.25	0.005	0.56	0.457	0.00	0.962
	自我指向	57	2.30±1.12	/	/	/	/	/	/
转换视角-他人评价	他人指向	49	2.71±1.12	0.19	0.665	0.97	0.327	1.96	0.165
	自我指向	57	2.93±1.13	/	/	/	/	/	/
转换视角-向下比较	他人指向	49	3.18±1.17	6.37	0.013	2.59	0.111	2.57	0.112
	自我指向	57	2.72±1.33	/	/	/	/	/	/
灾难化	他人指向	49	2.33±0.94	6.30	0.014	1.26	0.264	0.90	0.345
	自我指向	57	1.81±1.01	/	/	/	/	/	/
责怪他人	他人指向	49	2.71±1.12	1.90	0.173	0.25	0.616	2.05	0.155
	自我指向	57	2.30±1.18	/	/	/	/	/	/
自责	他人指向	49	2.96±0.96	0.02	0.886	0.42	0.518	6.24	0.014
	自我指向	57	3.00±1.22	/	/	/	/	/	/
反复回想	他人指向	49	3.00±1.10	0.47	0.495	13.26	0.000	0.93	0.337
	自我指向	57	3.00±1.04	/	/	/	/	/	/
幻想回避	他人指向	49	2.88±1.20	0.43	0.512	8.45	0.004	0.06	0.802
	自我指向	57	2.54±1.20	/	/	/	/	/	/
重新积极关注	他人指向	49	3.29±1.10	0.02	0.887	0.30	0.584	2.50	0.117
	自我指向	56	3.36±1.23	/	/	/	/	/	/

注：N为样本量；$m \pm s$为平均值±标准差；F_m=主效应的F值；p_m=主效应的p值；F_s=特质羞耻控制变量的效应值；p_s=特质羞耻控制变量的p值；F_a=归因可控性控制变量的效应值；pa=归因可控性控制变量的p值

在特质羞耻这一控制变量上，效应显著的认知调节策略为反复回想策略和幻想回避策略，说明特质羞耻的程度与上述认知调节策略的使用及行为后果的发生有关。在归因可控性这一控制变量上，效应显著的认知调节策略为重新计划-自我改变策略，自责策略和弥补行为，说明归因可控性的程度与上述认知策略的使用和行为后果的发生有关。

3）认知情绪调节策略选择及行为后果的影响因素——相关分析的结果

使用Pearson相关考察两种自我认知评估不同条目之间的相关，发现除了他人指向的自我整体负性评价程度和自我指向的行为负性评价程度相关不显著外，其他条目的相关均显著，相关系数在0.26~0.69，两种类型的评价程度均分的相关为0.51。首先使用Pearson相关考察两种评价程度均分和各认知情绪调节策略的使用可能性及行为后果出现的可能性之间的关系。随后考虑到两种负性认知评估类型的程度彼此相关较高，故再使用偏相关在分别控制被试所知觉到的自我指向和他人指向的自我负性评估程度（均分）的情况下，考察各认知情绪调节策略和行为后果与他人指向和自我指向的自我负性评估程度之间的关系（见表2-19）。结果发现，自我指向的认知评估程度和重新计划、自责、灾难化及反复回想的使用可能性呈低度到中度正相关，与转换视角-向下比较呈低度负相关。在控制了他人指向的自我认知负性评估程度后，自我指向的负性评估程度仍与转换视角——向下比较呈显著低度负相关，和灾难化及自责策略呈显著低度正相关，但和重新计划、反复回想的相关则不再显著。

表2-19　两种类型的负性评价与情绪调节策略及行为后果之间的相关及偏相关分析(N =106)

控制变量	变量	统计值	重新计划	掩饰	降低评价	向下比较	灾难化	责怪他人	自责	反复回想	幻想回避	积极关注
/	自我指向	r	0.243	−0.164	−0.162	−0.193	0.322	0.008	0.296	0.343	0.139	−0.160
		p	0.012	0.094	0.098	0.047	0.001	0.934	0.002	0.000	0.155	0.102

续表

控制变量	变量	统计值	重新计划	掩饰	降低评价	向下比较	灾难化	责怪他人	自责	反复回想	幻想回避	积极关注
/	他人指向	r	0.284	0.007	−0.079	0.018	0.212	0.150	0.168	0.522	0.370	−0.101
		p	0.003	0.945	0.422	0.855	0.029	0.125	0.085	0.000	0.000	0.303
他人指向	自我指向	r	0.109	−0.184	−0.153	−0.247	0.264	−0.071	0.268	0.106	−0.072	−0.126
		p	0.272	0.062	0.122	0.012	0.007	0.473	0.006	0.283	0.466	0.201
自我指向	他人指向	r	0.203	0.090	0.021	0.155	0.041	0.155	−0.009	0.420	0.359	−0.021
		p	0.039	0.366	0.831	0.117	0.680	0.117	0.927	0.000	0.000	0.830

　　他人指向的认知评估程度和重新计划、灾难化、反复回想和幻想回避的可能性呈低度到中度正相关。在控制了自我指向的自我认知负性评估程度后，他人指向的程度和重新计划策略呈低度正相关，和反复回想呈中高度正相关，和幻想回避策略呈中度正相关，但和灾难化的相关则不显著。

　　使用 Pearson 相关考察认知情绪调节策略及行为后果与情绪体验、归因维度、害怕负面评价、自尊及特质羞耻之间的关系（见表 2-20）。相关系数绝对值在 0.20 及以下由于相关系数较低，因此不予以考虑。从表 2-20 中可见，个体羞耻情绪体验和个体的自责策略使用及弥补行为呈低度正相关，和反复回想策略的使用可能性呈中高度相关。个体的愤怒情绪体验强度和个体采用幻想回避的策略及对他人的负面评价的可能性有低度相关，与个体采用责备他人的策略呈中低度相关，和采用反复回想的策略呈中度相关。个体的悲伤情绪强度和个体采用灾难化和幻想回避的策略，以及出现弥补行为的可能性呈低度相关，和采用反复回想策略的可能性呈中度相关。个体的焦虑情绪则和个体采用重新计划-自我改变策略，灾难化策略、自责策略和幻想回避策略呈低度正相关，和反复回想策略的使用可能性呈中度正相关，和转换视角-他人评价策略的可能性呈低度负相关。

表2-20 认知情绪调节策略及行为后果与情绪体验、归因维度、害怕负评价、自尊及特质
羞耻之间的相关分析(N =106)

变量	统计值	重新计划	掩饰	降低评价	向下比较	灾难化	责怪他人	自责	反复回想	幻想回避	积极关注
羞耻	r	0.173	−0.039	−0.187	−0.162	0.175	0.048	0.215	0.503	0.109	−0.039
	p	0.077	0.692	0.055	0.098	0.073	0.629	0.027	0.000	0.267	0.694
愤怒	r	0.088	0.164	0.032	−0.079	0.200	0.306	0.075	0.425	0.257	−0.055
	p	0.372	0.094	0.742	0.419	0.040	0.001	0.448	0.000	0.008	0.576
伤心	r	0.183	−0.067	−0.133	−0.031	0.207	0.118	0.164	0.492	0.225	−0.105
	p	0.060	0.497	0.173	0.755	0.033	0.229	0.093	0.000	0.020	0.289
焦虑	r	0.225	−0.034	−0.214	−0.184	0.266	0.034	0.222	0.456	0.285	−0.152
	p	0.021	0.729	0.027	0.059	0.006	0.728	0.022	0.000	0.003	0.122
归因位置	r	0.218	−0.202	−0.021	−0.004	0.097	−0.190	0.440	0.018	−0.045	−0.006
	p	0.025	0.037	0.830	0.965	0.323	0.051	0.000	0.857	0.650	0.950
归因可控性	r	0.250	−0.056	0.153	0.114	0.036	−0.171	0.238	0.085	−0.053	0.160
	p	0.010	0.569	0.117	0.246	0.715	0.079	0.014	0.384	0.592	0.104
归因稳定性	r	0.389	0.231	0.286	0.295	−0.142	−0.050	0.008	0.024	−0.068	0.245
	p	0.000	0.017	0.003	0.002	0.147	0.613	0.934	0.811	0.491	0.012
害怕负评价	r	−0.095	0.079	−0.022	−0.205	0.221	0.161	−0.005	0.450	0.352	−0.232
	p	0.332	0.422	0.825	0.035	0.023	0.099	0.962	0.000	0.000	0.017
自尊	r	0.028	−0.057	0.111	0.199	−0.073	0.059	−0.197	0.000	−0.040	0.119
	p	0.774	0.560	0.259	0.041	0.459	0.549	0.042	1.000	0.684	0.228
特质羞耻	r	−0.007	0.141	−0.117	−0.105	0.165	0.091	0.054	0.327	0.300	−0.064
	p	0.945	0.148	0.232	0.285	0.090	0.351	0.581	0.001	0.002	0.515

在归因评估上，归因位置和采用重新计划策略和弥补行为呈低度正相关，和自责策略呈中度正相关，和掩饰策略及对他人负评价呈低度负相关。归因可控性和重新计划策略、自责策略呈低度正相关。归因稳定性和

重新计划、掩饰、转换视角类策略、积极重新关注类策略相关。

在害怕负评价程度上，其与灾难化策略、反复回想策略、幻想回避策略有低度到中度的正相关，与转换视角-向下比较和积极重新关注策略的使用可能性呈低度负相关。特质羞耻和反复回想及幻想回避策略使用的可能性呈中低度正相关。

使用 Pearson 相关考察不同认知情绪调节策略与行为后果之间的关系（见表2-21）。从表中可见，重新计划-自我改变策略和弥补行为呈中高度正相关；掩饰策略和对他人负评价行为的可能性呈低度正相关；转换视角-向下比较策略与寻求社会支持和弥补行为呈中低度正相关；灾难化策略和回避行为有低度正相关；责怪他人、反复回想和幻想回避三种策略均和对他人负评价及回避行为有显著中低度正相关；积极重新关注策略则和弥补行为呈中低度正相关，和回避行为呈中低度负相关；转换视角-他人评价策略和自责策略未发现和任何行为后果有显著相关。

表2-21 认知情绪调节策略与行为后果与之间的相关分析（ N =106）

变量	统计值	重新计划	掩饰	降低评价	向下比较	灾难化	责怪他人	自责	反复回想	幻想回避	积极关注
社会支持	r	0.117	−0.033	0.158	0.301	0.080	0.069	0.047	0.125	0.099	0.052
	p	0.231	0.735	0.107	0.002	0.413	0.482	0.633	0.202	0.314	0.600
弥补行为	r	0.567	−0.107	−0.061	0.281	−0.035	0.012	0.111	0.108	0.134	0.336
	p	0.000	0.275	0.535	0.004	0.724	0.905	0.256	0.270	0.171	0.000
他人负评价	r	−0.037	0.264	0.029	0.019	0.149	0.497	−0.191	0.216	0.257	−0.036
	p	0.709	0.006	0.768	0.849	0.128	0.000	0.050	0.026	0.008	0.718
回避行为	r	−0.096	0.108	0.081	−0.036	0.270	0.388	−0.017	0.248	0.247	−0.307
	p	0.328	0.271	0.408	0.717	0.005	0.000	0.861	0.011	0.011	0.001

4. 讨论

本研究采用情境实验法，通过让个体阅读个人无能类型的羞耻情境故事并积极想象自己是故事主人公的方式来诱发个体的羞耻情绪体验，同时通过操纵故事中主人公所做的自我负性认知评估的类型（自我指向 *vs.* 他人指向），来考察个体在羞耻情绪体验中，所具有的不同自我负性认知评估类型对认知情绪调节策略选用的可能影响，这些认知策略包括了三类防御型策略、一类修复型策略，以及三种会维持或加剧事件对自我认同破坏程度的策略。总体上，本研究发现，在个人无能类型的羞耻事件中，个体所具有的自我负性认知评估的类型会对个体认知调节策略的选择有一定的影响，但由于两类自我负性认知评估类型之间的关系并非是完全相互独立的，因而这一影响的表现也是复杂的。

1）个人无能羞耻情境中两类自我负性认知评估：他人视角的催化剂效应

尽管本研究尝试通过直接操纵羞耻情境故事中主人公所做的自我负性认知评估类型，但在实验的操作检验中发现，个体在做一种自我负性认知评估的同时往往也会伴随着另一种自我负性认知评估的产生，因而无法在实验中实现"纯粹"的自我指向 *vs.* 他人指向的条件，而只能操纵个体在具体情境中所具有的两类负性认知评估的相对程度。其次，在实验的操作检验中也发现，在两类实验条件下，总体上自我指向的负性认知评估程度都要高于他人指向，换而言之，即当让个体去想象自己会认为他人很可能对自己有负性评价时，他/她似乎也会"自动"给予自己以负性的评价，且相比让其主动想象自己给自己负性评价的情况下，这一负性评价甚至会更为强烈。最后，本研究发现，尽管总体上两种负性评估类型的程度之间有较高的相关（均分相关为0.51），但如果从具体条目来看其相关程度不一，提示这两种评估类型虽非完全相互独立，但也非完全等同，而且若考虑更细致的评估维度（行为 *vs.* 特质 *vs.* 整体），则两种评估类型之间会表现出更复杂的互动关系。

这一结果首先是和研究一及其他研究者（张黎黎，2008）的结果相一致的，即在个人无能的羞耻情境中，自我指向的负性认知评估所出现的频率更高，且他人指向的负性认知评估常随自我指向的负性认知评估同时出现，极少独自出现。同时，这一结果也和西方主流理论对羞耻作为一种自我意识的负性情绪的阐释（Lewis，2003；Tangney，1999；Tracy and Robins，2007）相一致，即对自我的负性评估是诱发羞耻的核心认知过程。但这一结果除了表明在羞耻体验中，自我指向的负性认知评估或是说"'我'评估'我'"是更为普遍或基本的一种认知评估外，同时也提示他人指向的自我认知评估在诱发羞耻情绪过程中所扮演的一种可能角色，即其似乎起到了某种类似催化剂的作用，会让个体对自己的负性评价变得更为强烈。

2）自我负性认知评估类型对策略选择的影响：他人视角的双刃剑效应

本研究发现，相比自我指向组，他人指向组更倾向于使用掩饰策略，转换视角策略和灾难化策略。但考虑到他人指向组同时也具有相对高的自我指向的负性认知评估类型，以及两种负性认知评估类型之间较高的相关程度，所以本研究又进一步使用相关分析和偏相关分析的统计方式尝试剥离两种负性自我认知评估对策略选用的影响。结果发现，在个人无能的羞耻情境下，个体越是认为自己的表现或能力很差劲，越倾向于使用强调自己糟糕经历的灾难化的策略和自责的策略，而越不会使用强调其他人比自己更悲惨的转换视角策略。另外，个体越是觉得他人会对自己有负性的评价，越倾向于使用重新计划-自我改变策略，同时也更倾向于希望立刻离开现场（幻想回避策略）及使用反复回想的策略来不断回忆当时自己的表现和他人的反应。

综合上述结果，例如，按照 Garnefski 等（2001，2004，2005，2006）对消极和积极认知调节策略的划分，这一结果表明，自我指向的负性认知评估程度会和更消极的认知调节策略（即自责和灾难化）的选用有关，而他人指向的负性认知评估程度则既和消极的认知调节策略（即反复回想）有关，又和积极的调节策略（重新计划和转换视角）有关。按照研究一的分类，则可发现，自我指向的负性认知评估和所有防御型策略及修复型策略都无关系，但他人指向的负性认知评估则和某些防御型策略及修复型策略有关。这似乎提示，个体所具有的自我指向的负性认知评估越严重，越无法使用认知调节策略来防御羞耻事件对自我认同的破坏，也无法着手去修复自我认同的损伤，而更有可能使用维持或加剧羞耻事件对自我认同破坏的认知策略，例如，自责和灾难化。而个体所具有的他人指向的负性认知评估则具有双刃剑的效应：一方面，个体能更主动地通过重新评估事件严重程度来消解这种负性的自我认知评估类型所引发的对自我认同的破坏，即表现为个体会更倾向于使用转换视角的策略。同时，这种自我负性认知评估也更具有某种动机性，能促使个体采用重新计划的策略来尝试修复自我认同。另一方面，这种负性的自我认知评估也会引发个体更倾向于使用隐藏/回避类的防御型策略（即掩饰和幻想回避）和反复回想的策略，从而进一步维持或加剧羞耻事件对自我认同的破坏。

3）其他影响策略选择的因素：负性情绪、认知过程及人格因素的作用

除了自我负性认知评估过程之外，本研究还考察了其他可能影响到策略选用的因素，这些因素主要包括三类：情绪——个体在羞耻情境中体验到的负性情绪强度，认知过程——对负性事件的归因，以及人格特质因素——害怕负性评价的水平和特质羞耻。在负性情绪强度上，除了羞耻强度外，本研究还考察了其他三种常见于羞耻情境的情绪——愤怒、悲伤和焦虑。本研究发现，首先，无论个体体验到哪种负性情绪，

其强度越强，越容易促使个体采用反复回想的认知调节策略。但除了这种负性情绪的一般效应之外，不同情绪在对策略选择的影响上也表现出了情绪的特异性，例如，个体体验到的羞耻越强烈，越容易采用自责策略；体验到的愤怒越强烈，越可能使用责备他人策略；悲伤越强烈，越可能会采用灾难化策略；而焦虑越严重，则越有可能采用重新计划、灾难化或自责策略等。

在归因过程对策略选择的影响上，总体而言，个体越认为事件是和自己有关的、可控的及不稳定的，则越可能使用修复型的重新计划-自我改变策略，而个体认为事件发生的原因越不稳定，越容易使用重新评价类的防御型策略。

在人格特质因素对策略选用的可能影响上，在考察的三个特质因素中，害怕他人负评价的程度对策略选用的影响程度最大，其次是特质羞耻，而个体的自尊则和策略选用无关。具体来说，个体越是在生活中倾向于担心他人对自己的负性评价，则越可能采用灾难化、反复回想、幻想回避的策略，且越不可能使用转换视角-向下比较和积极重新关注的策略；而个体在生活中越容易体验到羞耻情绪，则越有可能会使用反复回想和幻想回避的策略。

5. 研究结论

本研究的主要结论如下。

（1）在个人无能类型的羞耻情境中，自我指向的负性认知评估是更为普遍的一种认知评估类型，而他人指向的自我认知评估则可加剧个体对自己的负性评价。

（2）在个人无能类型的羞耻情境中，自我指向的自我负性认知评估程度仅和能维持或扩大羞耻事件严重程度的灾难化及自责策略的选用有关；他人指向的自我负性认知评估程度既和某些防御型及直接修复型的认知策略的选用有关，又和能维持或扩大羞耻事件严重程度的反复回想策略的选用有关。

（3）在个人无能类型的羞耻情境中，个体在羞耻情境中体验到的包括羞耻在内的负性情绪强度，对羞耻事件的归因，以及害怕他人负评价和特质羞耻的程度都会对个体认知调节策略的选用有所影响。

2.2.2 子研究2：任务失败条件下特定自我负性认知评估对羞耻认知情绪调节策略选择的影响

1. 问题提出

在研究二的子研究1中，使用情境实验法，以及直接操纵情境故事中主人公所做的自我负性认知评估类型来考察自我负性认知评估类型对认知调节策略选择的影响。在研究二的子研究2中，研究目的和第一个研究相同，但在实验方法上则有所不同。这一子研究采用实验室任务法，让个体完成一项应激性的认知任务，并最终给予负性评价来激发其羞耻情绪体验，同时通过操纵研究对象被他人评价的程度来操纵两种自我认知评估类型。因而，和上个研究相比，这一研究的范式有更高的生态学效度。

在作为因变量的认知调节策略及控制变量的选择上，这一子研究和上一个研究是基本一致的，从而保证两个研究的结果可以互相验证。此外，考虑到所采用的实验室任务是一项应激性的认知任务，因而在本研究中也将个体完成实验任务前后的状态焦虑作为控制变量加以控制。

2. 研究方法

1）被试

北京某大学本科和研究生61人。被试均是阅读了研究者在大学校内

BBS上发布招募被试的信息后自愿应征而来。被试被随机分配到两个实验条件下，其中13人因为实验任务未能唤起其羞耻情绪而被淘汰（自我指向组7人，他人指向组6人）。在有效的48名被试中，男生19名，女生29名，年龄范围18~26岁，平均年龄22.10±2.20岁。自我指向组24人，其中男生11人，女生13人；他人指向组24人，其中男生8人，女生16人。

2）研究方法与工具

本研究采用实验室任务法，通过让被试完成一项应激性的认知任务，并给予失败的评价来唤起被试的羞耻情绪体验。研究为单因素二水平组间设计，自变量为自我负性认知评估类型，分为自我指向与他人指向两个水平，通过操纵被试知觉到的被他人评价的程度来完成。因变量为具体认知情绪调节策略及其行为效果。控制变量为被试体验到的羞耻程度、被试的特质羞耻、自尊水平及害怕负面评价的程度。

（1）诱发羞耻情绪的实验任务。本研究采用的应激性任务为两位数的加法速算任务，要求被试对计算机上呈现的加法等式用鼠标进行正误判断，每个加法等式的呈现时间为3000毫秒。在之前的预实验中发现，3000毫秒的呈现加判断时间对于未进行过速算或珠心算训练的一般大学生而言是难度较高的任务，但并非完全不可能完成。所有实验任务及最后给予的失败评价反馈均使用心理学实验软件Presentation 0.71实现。

在进行实验任务时，首先被试进行20题的一位数的加法作为练习情境。其次，在练习情境中按照被试的实际操作情况给予即时的正误反馈，例如，在规定时间内被试未做判断，则给予错误反馈，以增加被试对整个测试以及最后给予评价的确信程度。最后，邀请被试做正式任务，正式任务为两位数的加法等式，但不给予任何即时的反馈。当被试完成80题正误判断任务之后，计算机屏幕上显示数据正在统计的画面，约30秒后呈现被试的正确率和在数据库中的排位情况。为了能最大限度激发被试的羞耻情绪，并保证实验情境的可信度，每个被试无论其真实正误情况如何，均给予正确率16.25%，在476名测试者中的百分排位为后37.75%的负性评价信息。

在自我指向实验条件中，被试单独进行整个速算测试过程，而在他人指向实验条件下，有两个被试同时进行速算测试，并在最后给予负性反馈的信息时，除了呈现被试自己的结果之外，同时呈现另一个被试的正确率为63.75%，排名为前32.85%的信息，以激发被试知觉到的被他人负性评价的感受，即两名被试都以为对方的正确率和排名比自己更高，但这一实验条件下被试得到对自己成绩的反馈是和自我指向组相同的。

（2）其他变量的测量。在完成实验任务的前后，被试均需完成前测和后测问卷。在前测问卷中，被试要求填写《状态焦虑问卷》（SAI），《自尊量表》（SES），《大学生羞耻量表》（ESS），《害怕负评价问卷》（FNE）。最后让被试使用1~7七点量表评定羞耻、生气、焦虑和伤心4种情绪，1代表完全没有这种情绪体验，7代表有很强烈的情绪体验，从而测量作为控制变量的自尊、害怕负面评价及特质羞耻水平及被试的情绪基线值。

后测问卷（附录5）分为三部分，首先是让被试再次使用1~7七点评分评定此时体验到的羞耻、生气、焦虑和伤心4种情绪体验；其次，要求被试使用1~5五点评分来评定实验操作检验（对自我的负性评价和对他人负性评价的担忧，各有自我行为、自我能力和整体自我三个条目组成）、归因（归因位置、可控性和稳定性，各有一个条目），以及九种认知情绪调节策略（重新计划-自我改变、掩饰、灾难化、责备他人、自责、反复回想、想象回避、积极重新关注，各有一个条目，转换视角两个条目，分别为转换视角-他人评价及转换视角-向下比较）和四种行为后果（寻求社会支持的行为、弥补行为、回避行为、攻击评价者行为，各有一个条目）的选项。其中1代表完全不同意，5代表完全同意。最后，被试再次填写了状态焦虑问卷。

在前后测问卷中使用其他研究者编制的除状态焦虑问卷外的自陈问卷信息参见研究一的子研究2中相关部分。

（3）状态焦虑问卷（SAI）。由 Charles D. Spielberger 等编制（汪向东等，1999），共20个条目，用于评定即刻或最近某一特定时刻或情境中的焦虑感受，即状态焦虑（SAI）。量表为1~4四级评分，凡正性情绪项目均为反序计分。中文版本报告有良好信效度，本研究样本中状态焦虑分量表的标准Cronbach's Alpha系数为0.90。

3）研究程序

本研究由受过事先培训的心理学研究生（男）作为实验的主试。整个实验流程如下所述。

（1）主试请实验者入座，并简要介绍实验目的和流程，指导语如下：

"这个实验想考察的是心理状态稳定性和算数能力之间的关系。首先我想让你（们）自己估计一下，你（们）的算数能力大概在一般的同龄人里面的排位是多少，以百分比来表示，比如说前30%，前25%。（主试递给被试两张纸条）你（们）先在纸上写下你（们）名字的简拼，然后写下你（们）对自己的估计，再交给我。（主试收纸条）。谢谢。"

"下面我会说一下实验流程。首先，你（们）会做一份问卷，问卷的内容主要是关于你（们）目前的情绪状态和一些基本的个人心理素质特点。然后，你（们）会（分别）在（两台）计算机上完成一个算数测验，先是一个练习测验，再是一个正式测验，测验完成之后，计算机软件会给你（们）一个正确率的反馈，以及你（们）在数据库中和其他人相比的成绩排名。在做测试的过程中，你（们）有时候可能感觉到没有办法完全准确地判断，那时候也请凭你（们）的感觉猜测一下，因为你（们）的每个反应都对最后的结果是非常重要的。在完成实验之后你（们）还需要填写一份问卷，内容是了解你（们）当时的情绪状态以及在实验过程中的感受和想法。我们会根据你（们）的结果来邀请你（们）参加进一步的实验。"

（2）主试发给被试前测问卷。

（3）被试完成问卷，主试引导被试就座在计算机前，激活程序，开始实验。

（4）被试完成实验任务，主试发给被试后测问卷。

（5）主试回收后测问卷，先询问被试的感受，以考察被试是否察觉到实验目的，然后再告知被试真实的实验目的。此部分指导语如下：

"其实这个测试的目的并不是考察你（们）的速算能力，而是想考察在应激条件下，你（们）会有什么样的感受和想法。之前的速算正确率和结果都是我们事先设定好的，所以你（们）不必在意，并没有真正记录你（们）的成绩。非常感谢你（们）的参与。"

（6）被试领取10元的费用。

3. 研究结果

1）实验条件控制变量及操作检验的结果

使用独立样本 t 检验考察两个实验条件组在性别、年龄、初始情绪状态、实验任务后的情绪状态、归因及前测状态焦虑、自尊、特质羞耻和害怕负面评价程度上的差异。结果发现，除了特质羞耻之外，两组之间无显著差异，在特质羞耻得分上，他人指向组显著高于自我指向组（他人指向组 $m \pm s = 48.58 \pm 11.83$，自我指向组 $m \pm s = 58.29 \pm 14.39$；$t_{46} = -2.552$，$p = 0.014$）。这一结果表明，两个实验条件组的实验条件是基本匹配的。从实验任务唤起的情绪强度来看，实验唤起了中低度的羞耻情绪（3.29 ± 1.46）、中度的焦虑情绪（4.15 ± 1.53）、轻微的伤心（2.65 ± 1.55）和愤怒的情绪（2.23±1.46）。

使用 Pearson 相关考察整个被试群体中自我负性认知评估各条目和两种类型均分，以及归因的三个维度和羞耻情绪强度之间的关系。结果发现，自我负性认知评估各条目和羞耻情绪强度呈显著相关，相关系数在 0.22~0.37 之间，和自我指向评估均分的相关系数为 0.38，和他人指向的相关系数为 0.28。这表明个体对自我负性认知评估的程度越强，所体验到的羞耻情绪强度也越强。羞耻情绪强度和归因可控性呈显著相关，相关系数为 0.33，表明个体认为事件发生的原因越可控，则羞耻情绪强度越高。

使用独立样本 t 检验和相关样本 t 检验对实验条件的操作进行检验，结果列于表 2-22。从表中可以发现，两个实验组除了在他人指向的负性自我能力评价上有显著差异外，在其他条目及两种负性自我认知评估的条目均分上均无显著差异。在他人指向的负性自我能力评价下，他人指向组显著高于自我指向组。进一步使用相关样本 t 检验在两个实验条件组中考察自我指向的负性能力评价和他人指向的负性能力评价条目的差异。结果发现，在自我指向的实验条件组中，指向自己的负性能力评价显著高于他人指向的负性能力评价（$t_{23}=2.744$，$p=0.012$），而在他人指向的实验条件组中，两个条目的评价强度无显著差异（$t_{23}=1.436$，$p=0.164$）。这一结果表明，实验操作成功地唤起了他人指向组更倾向于认为他人会对自己的速算能力有负性的评价。

表 2-22　实验操作检验的结果

变量	实验条件	N	$m±s$	t	df	p
自我-行为	自我指向	24	4.13±1.03	-1.416	46	0.163
	他人指向	24	4.46±0.51	/	/	/
自我-能力	自我指向	24	3.29±1.33	-1.292	46	0.203
	他人指向	24	3.75±1.11	/	/	/

续表

变量	实验条件	N	m±s	t	df	p
自我-整体	自我指向	24	2.54±1.38	0.337	46	0.737
	他人指向	24	2.42±1.18	/	/	/
他人-行为	自我指向	24	2.75±1.22	−0.504	46	0.617
	他人指向	24	2.92±1.06	/	/	/
他人-能力	自我指向	24	2.50±1.32	−2.577	46	0.013
	他人指向	24	3.38±1.01	/	/	/
他人-整体	自我指向	24	1.88±1.03	−1.232	46	0.224
	他人指向	24	2.25±1.07	/	/	/
自我指向组	自我指向	24	3.29±1.33	2.744	23	0.012
	他人指向	24	2.50±1.32	/	/	/
他人指向组	自我指向	24	3.75±1.11	1.436	46	0.164
	他人指向	24	3.38±1.01	/	/	/

注：N为样本量；m±s为平均值标准差；t为独立样本t检验的统计值；df为自由度；p为t检验的显著系数

2) 两个实验组在羞耻认知情绪调节策略及其行为后果上的差异

考虑到两个实验条件组在特质羞耻上有显著差异，因此使用ANCOVA考察两个实验组在十种认知情绪调节策略及其行为后果上的可能差异，并将特质羞耻作为协变量（见表2-23）。从表中可见，主效应显著的策略为掩饰策略、自责策略和积极重新关注策略，他人指向组相比自我指向组均更倾向于使用这三种策略。

在特质羞耻这一控制变量上，效应显著的认知调节策略为反复回想策略、积极重新关注策略，说明特质羞耻的程度与上述认知调节策略的使用及行为后果的发生有关。

表2-23 两个实验组在调节策略及行为后果上的ANCOVA结果(df =1,47)

变量	条件	N	$m±s$	F_m	p_m	F_s	p_s
重新计划-自我改变	自我指向	24	3.25±1.15	0.64	0.428	0.98	0.327
	他人指向	24	3.42±1.25	/	/	/	/
掩饰策略	自我指向	24	2.08±0.97	4.14	0.048	0.00	0.983
	他人指向	24	2.67±0.87				
转换视角-他人评价	自我指向	24	3.00±1.06	1.032	0.315	1.53	0.222
	他人指向	24	3.50±1.18	/	/	/	/
转换视角-向下比较	自我指向	24	2.79±1.14	0.06	0.810	0.47	0.495
	他人指向	24	2.79±1.10	/	/	/	/
灾难化	自我指向	24	2.08±1.21	0.001	0.976	0.01	0.933
	他人指向	24	2.08±0.78				
责怪他人	自我指向	24	2.42±1.28	2.09	0.156	1.79	0.188
	他人指向	24	2.08±0.93	/	/	/	/
自责	自我指向	24	2.88±1.26	4.035	0.051	0.009	0.924
	他人指向	24	3.63±1.17	/	/	/	/
反复回想	自我指向	24	2.54±1.06	1.87	0.178	12.14	0.001
	他人指向	24	2.50±1.06				
想象回避	自我指向	24	1.96±0.96	2.15	0.150	0.69	0.411
	他人指向	24	2.46±0.88				
重新积极关注	自我指向	24	2.88±0.85	3.14	0.008	3.04	0.009
	他人指向	24	3.50±0.89				

注:N为样本量;$m±s$为平均值±标准差;F_m = 主效应的F值;p_m = 主效应的p值;F_s = 特质羞耻控制变量的效应值;p_s = 特质羞耻控制变量的p值

3)认知情绪调节策略选择及行为后果的影响因素——相关分析的结果

使用Pearson相关考察两种自我认知评估不同条目之间的相关,发现除了自我指向的整体负性评价程度和自我指向的行为负性评价程度相关不显著外，其他条目均显著相关，相关系数在0.28~0.75，两种类型的评价程度均分的相关系数为0.62。首先使用Pearson相关考察两种评价程度均分和各认知情绪调节策略的使用可能性及行为后果出现的可能性之间的关系。随后考虑到两种负性认知评估类型的程度彼此相关较高，故再使用偏相关在分别控制被试所知觉到的自我指向的自我负性评估强度和他人指向的自我负性评估程度（三个条目均分）的情况下，考察各认知情绪调节策略和行为后果与他人指向和个人指向的自我负性评估程度之间的关系（见表2-24）。

表2-24　两种类型的负性评价与情绪调节策略及行为后果之间的
偏相关分析（ N =48）

控制变量	变量	统计值	重新计划	掩饰	降低评价	向下比较	灾难化	责备他人	自责	反复回想	幻想回避	积极关注
/	自我指向	r	0.187	0.201	0.220	0.007	0.293	−0.125	0.581	0.393	0.288	0.207
		p	0.202	0.171	0.134	0.962	0.043	0.398	0.000	0.006	0.047	0.157
/	他人指向	r	0.270	0.198	0.068	0.097	0.221	0.075	0.356	0.643	0.206	0.158
		p	0.064	0.178	0.647	0.512	0.131	0.611	0.013	0.000	0.160	0.285
他人指向	自我指向	r	−0.017	0.097	0.272	−0.049	0.172	−0.224	0.472	−0.006	0.197	0.113
		p	0.914	0.543	0.081	0.758	0.275	0.154	0.002	0.968	0.210	0.475
自我指向	他人指向	r	0.182	0.064	−0.124	0.088	0.013	0.202	−0.002	0.577	−0.011	0.006
		p	0.247	0.685	0.435	0.578	0.934	0.200	0.988	0.000	0.943	0.970

结果发现，在控制了他人指向的自我认知负性评估强度后，自我指向的负性评估强度和自责策略呈显著中度正相关，而与灾难化、反复回想、幻想回避策略使用的可能性不再相关；在控制了自我指向的自我认知负性评估强度后，他人指向的自我负性认知评估强度和反复回想呈中高度正相

关，而和重新计划、自责及回避行为的可能性不再相关。

　　使用Pearson相关考察认知情绪调节策略及行为后果与情绪体验、归因维度、害怕负评价、自尊及特质羞耻之间的关系（见表2-25）。相关系数绝对值在0.20及以下，由于相关系数较低，因此不予以考虑。从表中可见，个体羞耻情绪体验和个体使用幻想回避策略的可能性呈边缘显著的低度相关；悲伤情绪强度和个体采用转换视角-他人评价策略呈中度显著正相关，与转换视角-向下比较呈显著低度负相关。

表2-25　认知情绪调节策略及行为后果与情绪体验、归因维度、害怕负评价、自尊及特质
　　　　 羞耻之间的相关分析（N =48）

变量	统计值	重新计划	掩饰	降低评价	向下比较	灾难化	责备他人	自责	反复回想	幻想回避	积极关注
羞耻-后	r	0.176	0.042	0.199	0.104	0.012	0.085	-0.017	0.204	0.264	0.118
	p	0.232	0.778	0.176	0.481	0.935	0.567	0.907	0.164	0.070	0.426
伤心-后	r	-0.042	-0.130	0.301	-0.299	0.036	-0.113	-0.026	-0.003	0.240	0.115
	p	0.782	0.383	0.040	0.041	0.811	0.450	0.861	0.986	0.104	0.442
焦虑-后	r	-0.097	-0.067	-0.192	-0.044	0.006	-0.047	0.201	0.031	0.023	-0.066
	p	0.511	0.651	0.190	0.765	0.969	0.753	0.171	0.834	0.878	0.658
生气-后	r	0.109	-0.031	-0.021	0.016	0.180	0.028	0.003	0.149	0.246	-0.077
	p	0.462	0.836	0.886	0.913	0.220	0.851	0.985	0.313	0.093	0.604
归因位置	r	0.079	0.002	0.244	0.057	0.248	-0.240	0.280	0.037	0.052	0.208
	p	0.593	0.987	0.094	0.699	0.089	0.101	0.054	0.803	0.723	0.157
归因可控性	r	0.133	-0.034	0.334	-0.194	0.211	-0.190	0.035	-0.015	0.165	0.199
	p	0.368	0.821	0.020	0.187	0.149	0.196	0.812	0.918	0.262	0.175
归因稳定性	r	0.075	0.104	0.195	-0.030	0.110	-0.139	0.053	-0.164	0.059	0.079
	p	0.614	0.480	0.184	0.839	0.455	0.346	0.721	0.266	0.691	0.593
自尊	r	-0.035	-0.421	-0.101	-0.256	-0.116	0.123	-0.156	-0.076	-0.040	-0.283
	p	0.811	0.003	0.493	0.079	0.434	0.406	0.289	0.609	0.785	0.051

续表

变量	统计值	重新计划	掩饰	降低评价	向下比较	灾难化	责备他人	自责	反复回想	幻想回避	积极关注
害怕负评价	r	0.029	0.112	0.237	0.216	0.166	0.331	-0.166	0.378	0.218	0.416
	p	0.847	0.453	0.109	0.145	0.266	0.023	0.266	0.009	0.140	0.004
特质羞耻	r	0.112	0.105	0.244	0.095	-0.012	0.128	0.093	0.424	0.205	0.343
	p	0.450	0.476	0.095	0.519	0.937	0.387	0.530	0.003	0.163	0.017

在归因评估上，归因位置和自责策略、社会支持行为及弥补行为呈低度到中度正相关，而归因可控性和转换视角-他人评价策略及弥补行为呈中度正相关。

自尊水平和掩饰策略、转换视角-向下比较策略及积极重新关注策略呈低度到中度负相关；害怕负面评价程度与责备他人策略、反复回想策略和积极重新关注策略有中度的正相关；特质羞耻和反复回想及积极重新关注策略使用的可能性呈中低度正相关。

使用 Pearson 相关考察不同认知情绪调节策略与行为后果之间的关系（见表2-26）。从表中可见，转换视角-向下比较策略与寻求社会支持呈低度正相关；灾难化策略和回避行为有边缘显著低度正相关，和对主试的喜好有显著低度负相关；反复回想策略和回避行为呈低度正相关；积极重新关注策略则和寻求社会支持行为呈中低度正相关；重新计划-自我改变策略、掩饰策略、转换视角-他人评价策略、责怪他人、幻想回避及自责策略未发现和任何行为后果有显著相关。

表2-26　认知情绪调节策略与行为后果与之间的相关分析

变量	统计值	重新计划	掩饰	降低评价	向下比较	灾难化	责备他人	自责	反复回想	幻想回避	积极关注
社会支持	r	0.170	-0.036	-0.030	0.287	0.235	-0.031	0.124	0.159	-0.043	0.436
	p	0.248	0.807	0.837	0.048	0.107	0.834	0.403	0.279	0.772	0.002

续表

变量	统计值	重新计划	掩饰	降低评价	向下比较	灾难化	责备他人	自责	反复回想	幻想回避	积极关注
弥补行为	r	0.251	−0.030	−0.179	0.168	0.192	−0.138	0.213	0.116	0.062	0.127
	p	0.085	0.841	0.223	0.254	0.192	0.348	0.146	0.433	0.676	0.389
回避行为	r	0.122	0.130	0.028	0.183	0.265	0.257	0.127	0.282	0.245	0.166
	p	0.410	0.378	0.850	0.212	0.069	0.078	0.391	0.052	0.093	0.259
评价他人	r	0.018	0.003	−0.062	0.007	0.287	−0.024	−0.091	−0.009	−0.032	0.156
	p	0.902	0.985	0.675	0.960	0.048	0.870	0.540	0.951	0.830	0.289

4. 讨论

本研究考察在以评价性任务失败来引发个体羞耻情绪的条件下，个体所具有的特定负性自我认知评估类型对三类防御型调节策略、一类修复型调节策略及会维系或加剧事件严重程度的三种消极调节策略选用的影响。总体上，本研究得出的主要结果和研究二的子研究1的主要结果相一致的。

（1）自我指向的负性认知评估仍被发现是在羞耻情绪体验中出现的主要负性认知评估类型，而在他人指向组中，在引发更强烈的他人指向的自我负性认知评估的同时，也引发了更强烈的自我指向的负性认知评估，但这种效应主要体现在对自我能力的负性认知评估维度上。总体而言，相比研究一，本研究在他人指向条件下引发的他人指向的自我负性认知评估程度并非常显著，这可能基于三个原因：①本研究是通过让被试知觉到另一个被试的成绩优于自己，且对方也知道自己成绩的方式来激发被试体验到的他人指向的负性认知评估程度；相比研究二子研究1中在课堂上当众被老师批评的情境而言，本子研究中个体失败的公开暴露程度更小，从而可能造成个体知觉到的他人指向的自我负性认知评估程度也更低。②无论是自我指向组还是他人指向组，被试可能都会把主试作为一个潜在给予自己负性评价的他人来看待，因而可能降低了两个条件下的区分度。③和研究二子研究1直接操纵个体所做的主观评估不同，本子研究所操纵的是客观的条件，从情绪的认知评价模型（Scherer，1999；Tracy and Robins，2007）可知，不同个体对同样情境的认知评估也会有差异，且在研究一中也发现，个体所具有的他人指向的负性自我认知评估并不绝对依赖是否有评价者在场，因而本研究的操纵相比研究一，其操作效应会更弱一些。这也解释了为何本研究中的有效被试率并不是很高，推测对于无效被试而言，这一实验情境并没有引发他们的自我负性认知评估过程，因而也就不会诱发他们的羞耻情绪体验。

（2）在两种自我负性认知评估类型的程度与认知调节策略选用的关系上，ANCOVA的结果表明，他人指向组相比自我指向组均更倾向于使用掩饰策略、自责策略和积极重新关注策略；偏相关分析的结果表明，个体对自己的负性评价越强，越倾向于使用自责策略，而个体越是觉得他人会对自己有负性的评价，越倾向于使用反复回想策略，且越可能会在测试之后寻求他人的支持。这个结果和研究一的结果的主要图景是相似的，即自我指向的负性认知评估程度和所有防御型及修复型调节策略的选用均无关，而和能维持或扩大羞耻事件严重程度的消极认知策略的选用有关；他人指向的自我负性认知评估程度既和某些防御型及修复型策略的选用有关，又和能维持或扩大羞耻事件严重程度的消极认知策略的选用有关。不过，在所影响的具体策略种类上，研究二的两个子研究的发现则有所不同。但仔细比对发现，如果考虑具体策略所属的类型（即防御型或修复型或加剧型，这种差异实际上并不大。例如，在控制另一种自我负性评估程度后，自我指向的评估程度虽未和灾难化策略有显著相关，但仍和自责策略有显著相关；他人指向的评估程度虽未和重新计划、转换视角策略及幻想回避策略有显著相关，但仍和积极重新关注策略（即同样是一种隐藏/回避类的防御型策略）及反复回想策略显著相关，并且其和转换视角策略也有相关的趋势（$r=0.27$，$p=0.081$）。这种在具体策略种类上的差异很可能源于研究二的两个子研究所设定的评价性情境有所不同，也可能是因为本研究的样本量较小，统计效力有限。

（3）本研究也发现，在评价性任务失败的情境中，个体所体验到的包括羞耻在内的情绪强度、对负性事件的归因及人格特质因素会影响到对认知调节策略的选择。但总体而言，这些因素对策略选择的影响程度要小于研究一。这可能也是因为本研究的样本量有限，因而影响相关分析的统计效力。另一个可能原因是，本研究中所诱发的羞耻情绪体验和其他负性情绪体验的强度都相对弱于研究二子研究1，可能没有达到对某些策略选用造成影响的阈值。从本研究具体的结果来看，首先，在负性情绪体验强度上，更多表现出的是对策略选择影响上所具有的情绪特异性，即不同的负性情绪似乎会促使个体使用不同的调节策略。例如，个体羞耻情绪强度同样被发现和个体使用幻想回避策略的可能性有关，个体的焦虑情绪则和个体出现弥补行为的可能性有中度正相关。其次，在事件的归因对调节策略选用的影响上，本研究发现，总体上个体认为任务失败越和自己有关，越可控，结果越容易改变，个体就越有可能使用修复型策略。最后，在人格特质的影响上，本研究发现，个体害怕负面评价的倾向和特质羞耻会更多和防御型策略及加剧事件影响程度的反复回想策略的选用有关。除此之外，本研究还发现，个体的自尊水平越高，似乎越不倾向于选用防御型的调节策略（即掩饰、转换视角及积极重新关注策略）。这似乎表示，对于高自尊的个体而言，这一评价性任务失败的情境并不会对他们的自我认同造成太大的影响，也就无需使用过多调节策略来调节，也就是说，个体的自尊会对失败情境起到某种缓冲的效应，这和之前研究者认为自尊具有"焦虑缓冲器"功能的理论假设（张林，2006），即高自尊者在失败情境下能通过利用积极的自我服务资源来缓冲焦虑和抑郁反应的研究结果是一致的（张向葵 和 田录梅，2005）。

（4）在研究二的子研究1和本研究中，都同样使用相关分析的方法考察了不同认知情绪调节策略与行为后果之间的关系。比对两个研究的结果，也发现了一些稳定的趋势：越倾向于使用转换视角-向下比较策略的个体越可能会寻求社会支持行为；越倾向于使用灾难化策略的个体越有可能出现回避行为；越倾向于采用反复回想策略和幻想回避策略的个体，越有可能出现回避行为；越倾向于使用积极重新关注策略的个体越有可能出现修复自我认同的行为，例如，弥补或寻求社会支持。这些结果表明，如果个体在羞耻情绪体验中采取了会维系或加剧事件对自我认同影响程度的消极认知调节策略或更被动的幻想/回避类防御型策略，则个体更有可能在事件后出现回避行为；而如果个体在羞耻情绪体验中会采取重新评价类防御型策略或更主动的幻想/回避类防御型策略来防御事件对自我认同的损伤，那么可能会帮助个体在事后出现修复自我认同的行为。

5. 研究结论

本研究的主要结论如下。

（1）在评价性任务失败的情境中，自我指向的自我负性认知评估程度仅和自责策略的选用有关；他人指向的自我负性认知评估程度和幻想/回避类防御型策略及反复回想策略的选用有关。

（2）个体在羞耻情境中体验到的负性情绪强度，对羞耻事件的归因，以及害怕他人负评价及特质羞耻的程度都会促使个体选用特定的认知调节策略。而个体的自尊水平越高，则越不倾向于使用认知调节策略，尤其是防御型策略。

（3）个体采取会维系或加剧事件对自我认同影响程度的消极认知调节策略或更被动的幻想/回避类防御型策略，则更有可能在事件后出现回避行为；个体采取重新评价类防御型策略或更主动的幻想/回避类防御型策略，则在事后更有可能出现修复自我认同的行为。

2.3 研究三　羞耻情绪的不同认知调节策略的调节效果研究

2.3.1 子研究 1：羞耻情境故事中四种认知情绪调节策略的调节效果研究

1. 问题提出

研究二的两个子研究着重考察了在个人无能的羞耻情境下，特定自我负性认知评估类型对认知调节策略选用的可能影响；而本研究则旨在挑选出一些特定的认知情绪调节策略，考察在个人无能的羞耻情境下，这些不同的认知情绪调节策略在调节羞耻情绪效果上的差异。

在研究一和研究二的基础上，本研究进一步选择了重新计划策略、转换视角策略、自责策略和责备他人策略作为进一步考察其调节效果的认知调节策略。选择这四种认知调节策略主要基于以下考虑。首先，除了自责外，其他三种策略均在研究一中被发现是个体在调节羞耻情绪体验时常用的认知策略，而且从研究一对策略的归类来看，这三种策略分别代表了三种不同功能的策略类别，既重新计划策略为修复型策略，转换视角为重新评价类的防御型策略，而责备他人则为否认/攻击类的防御型策略。鉴于这三种类型的策略代表了个体在调节羞耻情绪体验过程中采取的不同取向，即是防御羞耻事件对自我认同的破坏，还是积极着手修复自我认同的损伤，因而进一步考察这些策略对羞耻情绪体验调节的效果是有重要理论意义的。而自责策略则代表一种不同于防御和修复的功能，即至少从表面来看，其功能和灾难化策略及反复回想策略类似，都会维持或加剧事件对自我认同的破坏程度，因而选择这一策略进行进一步的考察也具有一定理论价值。此外，需要指出的是，由于羞耻情绪本身是一种自我意识情绪，即某种程度的自责是唤起羞耻情绪的自我负性认知评估过程的一部分。但在本部分的实验研究中，自责特指一种情绪唤起后使用的认知调节策略，即在个体的负性自我认知评估过程唤起羞耻情绪后，个体认为此事发生是和自己有关的，并给予自己某种程度的负性评价。

其次，从以往对羞耻情绪调节的相关理论阐释和研究来看，所选择的这四种策略都可在 Nathanson（1992）提出的羞耻情绪的"罗盘"模型或 Vleit（2008）对个体从严重羞耻事件中恢复过程的描述中找到相对应的调节策略或调节方法。转换视角、自责和责备他人可分别对应罗盘模型中的回避、攻击自我和攻击他人的反应脚本（Elison et al.，2006），重新计划、转换视角和责备他人和 Vleit 所描述的重新聚焦、理解及抵抗的方式也有一定可比性。因此，选择这四种策略也有利于和之前相关的理论及研究结果互为参照。

再次，从以往对认知情绪调节策略的研究来看，在这四种策略中，重新计划和转换视角被认为是更积极的认知调节策略，而自责和责备他人则被认为是更消极的认知调节策略。之前针对特定认知调节策略的使用和心理病理症状，尤其是焦虑和抑郁症状的研究发现（Garnefski and Kraaij，2006；Garnefski et al.，2005；Garnefski et al.，2001；Martin and Dahlen，2005；刘启刚和李飞，2007），反复回想、灾难化和自责是最能显著预测个体在经历负性事件后所体验到的焦虑和抑郁症状的认知调节策略；而另一方面，重新计划、积极重新关注和转换视角策略的使用被发现能较好预测个体在经历生活事件后体验到的生活满意度（刘启刚和李飞，2007），因而选择这四种策略也可比较积极和消极认知策略的区分在羞耻情绪调节结果上的有效性。

最后，从实验操作的角度来看，这四种策略都是相对容易在非临床病人群体的中国大学生样本中实现的，也是相对容易在实验中进行操作化定义并进行操作检验的。也是从这方面考虑，本研究没有选择反复回想策略和灾难化策略，前者较难在目前的实验范式中进行界定和操作检验，而后者被发现在中国大学生人群中是相对使用较少的策略（Zhu et al.，2008；刘启刚和李飞，2007）。

在对调节效果指标的选择上，本研究主要从以下两方面进行考虑，首先，从以往情绪调节领域的相关研究中寻找调节效果指标。从以往的研究来看（Auerbach et al.，2007；Gross and Hansen，2000；Mauss et al.，2007；Mauss et al.，2007；Richards and Gross，2006），研究者所使用的调节效果指标主要包括情绪主观体验强度、生理唤起、认知功能（如记忆任务表现）、人际行为和主观幸福感等。其次，从以往对羞耻情绪的适应性功能和病理作用的研究中（高隽和钱铭怡，2009）寻找调节效果指标，在这些理论模型和实证研究中，羞耻的适应性功能主要表现在其会促进弥补行为和亲人际行为，而其病理性作用主要表现在其可能会导致抑郁和焦虑的症状，愤怒和攻击行为、低自尊、回避和退缩行为等。从这两方面出发，在研究三的两个子研究中，主要选用了以下几类指标来考察认知调节策略的效果：①负性情绪的强度。考虑到羞耻情绪体验常伴随焦虑、愤怒和悲伤的情绪体验，且之前研究也表明羞耻情绪会诱发攻击行为（Heaven et al.，2009；Tangney et al.，1996），焦虑症状（Birchwood et al.，2006；Henderson，2002）和抑郁症状（Ashby et al.，2006；Irons and Gilbert，2005；Rubeis and Hollenstein，2009），所以除了羞耻情绪强度外，也将焦虑、愤怒和悲伤作为主观情绪强度的效果指标。②对自我认同的影响。鉴于羞耻情绪的产生是个体对自我认同进行负性评价的结果，因而将个体主观知觉到的事件对自己眼中及他人眼中的自我认同的影响程度作为调节效果变量。③行为倾向。主要包括弥补行为、攻击他人行为和回避行为三种。

在研究三的子研究 1 中，首先将采用同研究二的子研究 1 相同的羞耻故事情境来诱发个体所体验到的羞耻情绪，然后在不同实验条件组的被试中，通过让被试使用重新计划、转换视角、自责和责备他人策略中的一种，随后采用对各调节效果指标进行评估的方式来考察特定认知调节策略的调节效果。基于之前研究的结果，本研究预测，四种认知调节策略中，重新计划策略和转换视角策略的效果要总体上优于自责和责备他人策略，且四种策略在不同调节指标上的效果也不尽相同。

2. 研究方法

1）被试

北京某大学在校本科生和研究生257名，其中28名因未填写认知调节策略的操作部分而被淘汰（重新计划组11名，转换视角组4名，自责组11名，责备他人组2名），23名因所做认知调节策略的操作不符合定义而被淘汰（其中重新计划组8名，转换视角组11名，自责组2名，责备他人组2名），故有效问卷206份，有效率80.2%。在有效的问卷中，男生100名，女生105名，性别信息缺失1名。年龄范围17~29岁，平均年龄20.42±1.74岁。被试被随机分配到4个实验条件组下，各条件组下的被试总数及男女比例列于表2-27。

表2-27　4个实验条件组下的被试基本情况

实验条件组	男	女	缺失性别	总数
重新计划	26	23	/	49
转换视角	30	26	/	56
自责	24	31	/	55
责备他人	20	25	1	47

2）研究方法与工具

本研究采用情境实验法，使用羞耻情境小故事来唤起被试的羞耻情绪体验。本研究为单因素四水平组间设计，自变量为认知情绪调节策略，分为积极重新计划、转换视角、自责和责备他人四个水平。

因变量为调节有效性指标，分为三类：①自评情绪指标四种，包括羞耻、愤怒、伤心和焦虑情绪，均为1~7七点评分，1代表完全没有相应情绪体验，"7"代表最为强烈的相应情绪体验。②自评的相关认知指标五种，包括事件对自己的影响程度、做了指定认知调节策略后羞耻感的下降程度、对相关能力的自信的影响程度、对相关能力的他人评价的担忧程度及调节策略的整体有效程度，除了事件影响程度为7点评分外，其他均为1~5五点评分，1代表完全不同意相应陈述，5完全同意相应陈述。③自评的相关行为倾向指标四种，包括修复自我认同的弥补行为，修复他人印象的弥补行为、对评价人的负性评价及回避行为表现，均为1~5五点评分，1代表完全不同意相应陈述，5完全同意相应陈述。

控制变量包括四类：①做指定认知调节策略前的自评情绪指标四种，包括羞耻、愤怒、伤心和焦虑情绪，1~7七点评分。②做指定认知调节策略前的自评事件影响程度，1~7七点评分。③对指定的认知调节策略的确信程度，0~10十点评分，其中0代表完全不相信，10代表完全相信。④被试的自尊水平和特质羞耻水平。

自编情境实验问卷。情境实验问卷分为四个版本，分别对应重新计划、转换视角、自责和责备他人四种认知调节策略，具体问卷参见附录6。问卷均由三部分组成，除在第二部分认知调节策略操作部分有差异外，其他两部分完全相同。问卷的第一部分是一则羞耻情境小故事，小故事即研究二中子研究1所用的情境小故事的主干部分，描述的是"主人公英语课堂上表现欠佳，老师给予其负性评价"。随后要求被试积极想象自己就是故事的主人公，使用1~7七点量表评定当时能体验到的生理唤起、目光转移、四种负性情绪（羞耻、愤怒、伤心、焦虑）和事件本身对被试的影响程度，其中1代表完全没有这种体验，7代表能体验到的最强烈的相应的体验。

问卷第二部分要求被试根据指导语做具体的认知调节策略，并把产生的具体策略写在空白处，然后使用0~10十点评分评定自己对所写下的认知调节策略的确信程度。四种实验条件的指导语如下：①请想一下你可以做些什么来更好地应对这件事（重新计划）。②请想一下有什么理由让你觉得这件事其实并不那么糟糕（转换视角）。③请想一下这件事情反映出你有哪些缺点、不足或做得有问题的地方（自责）④请想一下这件事情反映出的英语老师的缺点、不足或做得失败的地方（责备他人）。

问卷第三部分要求被试评定相应的调节有效性的指标，包括：①使用1~7七点评分评定被试现在体验到的四种情绪强度。②使用1~7七点评分评定被试现在知觉到的事件对自己的影响程度，以及使用1~5五点评分来评定其他五种相关认知指标。③使用1~5五点评分来自评三种相关行为倾向指标。

3）研究程序

问卷由事先受过培训的主试在大学学生宿舍中发放，问卷由自编情境实验问卷和心理学量表两部分组成。主试挨个进入学生宿舍询问被试是否愿意填写问卷，在得到首肯后，将问卷发给被试，10~20分钟后再回收问卷。被试首先完成自编的情境实验问卷，随后完成自尊量表和大学生羞耻量表。在完成问卷后，每位被试得到一份小礼物作为回报。

3. 研究结果

1）实验控制变量的检验

使用卡方检验考察四种实验条件下被试性别比例上的可能差异，结果发现差异不显著（x=2.21，p=0.521），说明四种实验条件下的性别比例无显著差异。ANOVA 考察四种实验条件下，被试的年龄、前测的四种情绪（羞耻、愤怒、伤心、焦虑）、前测的事件影响程度，对特定认知调节策略的相信程度及羞耻易感性程度和自尊水平，结果发现除在愤怒情绪上四种实验组有显著差异外（$F_{3,\ 202}$=3.92，p=0.009），其他控制变量上四种实验条件均无显著差异。Scheffe 检验表明，在愤怒情绪上，自责条件的被试显著高于重新计划组的被试。这一结果说明四种条件组的实验条件是基本匹配的。此外，四种实验条件下唤起了中高度的羞耻情绪（4.57±1.47），中低度的愤怒情绪（2.89±1.51），中度的伤心（4.03±1.71）和焦虑情绪（4.27±1.71）。

2）四种认知调节策略的具体内容

对被试所写下的策略内容进行检验，例如，写下的策略内容符合本研究对策略的界定则判定有效，写下的内容是其他类型的策略，则判定为无效问卷。

（1）重新计划-自我改变策略。被判定有效的策略在内容上主要可分为两类。

其一是指向自己未来表现的。即采用一些措施或行动从而对这次失败作出弥补，以期在将来有好的表现（如"下次好好预习""下次上课努力听讲""尽可能告诉自己，这是最后一次，通过努力自己一定可以改变现状""认真学习，平时用功"），或以期避免这种失败再发生（如"好好学习英语，争取不让这类事情再发生")。

其二是指向自己给他人的印象或与他人关系的。即采用一些措施或行动来改变自己给老师留下的不好印象，或修复自己和老师的关系（如"向老师说明原因并致歉""我会要求下一次再有机会尝试""客观地说明一下自己的情况，向老师致歉，希望对自己的客观原因表示理解，注意后续改进，保持微笑"）。

在有效数据中，有75.5%（37/49）的被试所描述的内容可被归为第一类，有14.3%（7/49）的被试所描述的策略可被归为第二类，而10.2%（5/49）的被试所描述的策略同时包含了上述两类（如"向老师解释原因，课下从花功夫"或"我会主动去说明原因，并且在课下努力，争取下不为例"）。

而在被判定无效的8名被试的描述中，有4名被试的描述可被归类为一种转换视角类的策略，即重新评价此事的重要性或他人的评价程度（如"发生就发生了，看开，小事一桩"或"没什么关系，又没有人会记得"），有2名被试的描述可被归类为转移注意力的策略（如"和身边的人说话，转移自己的注意力"），1名被试的描述是一种回避策略（"躲避老师"），1名被试描述的是一种压抑策略（"尽快忘掉"）。

（2）转换视角策略。被判定有效的策略也可大致分为两类。

其一是从自己的角度出发降低事件对自我认同的损害程度。例如，认为事件并不能反映自己的核心能力水平（如"运气不好而已，和能力无关""自己的英语水平不是那么差，只是没有提前做预习""我的真实水平并非如此，暂时的不好也不代表什么，我依旧很好"），认为自己的英语能力对自己并不重要（"暂时的，英语能力不代表多少""我将来不靠这吃饭"，"这课不重要"），或强调事件的偶然性和可变性（如"昨天事情太多，没有来得及准备""运气不好，恰巧是不熟的一段""我那天心情恰好不好""这是可以改进的，进步可以努力换得""下次有所准备，我不会如此了""随机事件，人总有做的不好的时候")。

其二是指在从他人的角度出发降低失败的严重程度。例如，降低他人给自己糟糕评价的可能性（如"周围同学其实并不会太在意我的不佳表现""我平时做得不错，大家有目共睹，只不过这次没准备，这个小意外无所谓啦"，"班上有很多人，老师不会太注意我的，同学下课后也会忘记这件事"），或向下比较，即指出还有人不如自己，或跟自己水平差不多（如"好吧，也许别人念得还不如我呢，是紧张而已，就当攒人品""大家都是这样""一次而已，小失误，大家都会有这种情况啊，只是一堂英语课，原因是因为没准备好而已"）。

在有效数据中，有66.1%（37/56）的被试的描述可被归为第一类，有23.2%（13/56）的被试的描述可被归为第二类，有12.5%（7/56）的被试的描述包含了两类的内容（如"如果准备的话会读得很好，评价不能反映我的水平。别的同学不会很在意他人犯的错误""课文多读两遍就读好了，还有很多次课堂发言的机会，也可以改变他人印象"）。

在无效的11名被试的描述中，有6名被试的描述可被归为一种寻找原因式的自责策略（如"没有很好地做准备工作""自己不够缜密，平时积累不够"），另有5名被试描述的可被归为一种积极重新评价策略，即寻找这一事件对自己的积极意义（如"可以看清自己的不足，及早改正""督促自己提高对课前准备的重视，提高心理素质"）。

（3）自责策略。自责策略的内容可分为两类，其一是指向个体行为的。其二是指向个体的特质或能力的（Lutwak et al.，2003）。

在这一假设的情境中，指向个人行为的自责多是指出自己没有做好充分的准备或临场太紧张（如"没有准备就心里觉得没底，越是紧张起来容易犯错""平时准备不充分，练习得不够"），有58.2%（32/55）的被试描述的内容可被归为此类；指向特质和能力的自责包括对自己英语能力的不满（如"英语水平太差了，平时积累不够"），对自己其他相关能力的不满

（如"懒，不喜欢学习"），以及对自己太过重视他人评价的不满（如"太关注别人的评价和看法"），有29.1%（16/55）的被试描述的内容可被归为此类。另有12.7%（7/55）的被试描述的内容同时包含了指向行为和特质能力的内容（如"对学习准备不充分，缺乏自信"）。无效的2名被试所描述的内容都可被归为一种转换视角策略（如"我可能将来工作不用到这个""说不定别人会读得更烂，下次准备充分的话，老师会给好评"）。

（4）责备他人策略。在责备他人策略中，被试多指出老师的行为是有问题的，包括没有提前让学生准备（如"没有给人准备，单独叫我多少是种不公平"），不应该给予负性评价，应鼓励学生（如"不足之处在于给很差的评价，每个人都会有自己不擅长的地方，对英语学得不好的学生应该给予适当的鼓励""不善于鼓励学生，这样不利于学生的成长，会留下心理阴影"），或不够尊重学生（如"老师应该给学生以充分的尊重""教学方法不当，对学生不尊重"）。另外一些被试的批评则倾向于指向老师本人的特质或能力，例如，人格特点（如"太苛刻，不包容学生""过于武断和片面，不懂或很少与学生交流"）或自身讲课能力（如"这因为老师讲课没有吸引力，不能完全让同学们全心听讲"）。无效的2名被试都表示老师没有不对的地方（如"没有""没想法，是自身问题"）。

3) 四种认知调节策略在调节羞耻情绪上的有效性

由于实验本身无法设立控制组，因此首先采用GLM（general lineav model）模型中的Repeated Measure方法分别考察使用每种调节策略在调节前后四类情绪指标上的差异，组内变量为各指标的前测和后测值，控制变量为对具体认知调节策略的准确程度（见表2-28）。结果发现，在羞耻情绪强度调节前后的变化上，转换视角策略有边缘显著的主效应，自责策略有显著的主效应，表明使用转换视角和自责策略的被试在调节后羞耻情绪强度有显著降低。在悲伤情绪强度上，责备他人策略的主效应显著，表明被试在使用了责备他人的策略后，悲伤情绪有显著降低。在焦虑情绪上，重新计划策略主效应边缘显著，表明被试在使用了重新计划策略后所体验到的焦虑有所降低。

表2-28 四种认知调节策略在情绪指标和事件影响程度上的有效性

变量	条件	N	调节前	调节后	Fm	pm	Fb	pb
			m±s	m±s				
羞耻	重新计划	49	4.22±1.58	3.49±1.66	2.597	0.114	0.740	0.394
	转换视角	56	4.70±1.50	3.73±1.31	3.366	0.072	0.234	0.631
	自责	55	4.56±1.40	3.98±1.64	4.674	0.035	1.550	0.219
	责备他人	44	4.57±1.40	3.93±1.68	0.819	0.371	0.066	0.799
愤怒	重新计划	49	2.22±1.42	2.35±1.77	1.031	0.315	0.858	0.359
	转换视角	56	3.07±1.40	2.53±1.14	0.056	0.814	0.284	0.596
	自责	55	3.21±1.61	2.91±1.54	0.022	0.882	0.271	0.605
	责备他人	44	2.63±1.22	3.09±1.51	0.001	0.974	0.360	0.552
悲伤	重新计划	49	3.53±1.91	2.94±1.76	0.011	0.918	0.237	0.629
	转换视角	56	4.13±1.64	3.34±1.43	0.468	0.497	0.263	0.610
	自责	55	3.96±1.72	3.62±1.61	0.002	0.964	0.436	0.933
	责备他人	44	4.18±1.60	3.50±1.44	5.044	0.030	1.318	0.257
焦虑	重新计划	49	3.98±1.83	3.24±1.88	3.767	0.058	1.073	0.306
	转换视角	56	4.33±1.62	3.20±1.23	2.121	0.151	0.000	0.983
	自责	55	4.07±1.85	3.67±1.70	0.208	0.650	0.020	0.888
	责备他人	44	4.42±1.55	3.63±1.60	0.323	0.573	0.394	0.534

注：N为样本量；$m±s$为平均值标±标准差；F_m=主效应的F值；p_m=主效应的p值；F_b=确信程度控制变量的效应值；p_b=确信程度控制变量的p值

使用简单效应t检验考察四种认知策略在调节效果指标和行为反应评定上的效果。考虑到在调节效果和行为反应指标上的评定为1~5五点评分，1表示完全不同意，5表示完全同意，所以将3设为基线值，考察在四

种调节下，被试使用了各自的调节策略后对调节效果及行为反应评定指标
上是否与基线值有差别（见表2-29）。从表2-29中可见，在羞耻情绪平复
的调节效果自评上，重新计划策略及转换视角策略的检验显著，表明使用
这两种策略的被试都更倾向于同意使用这种策略能有效降低其体验到的羞
耻情绪。而自责策略及责备他人策略的检验效应则不显著，表明使用这两
种策略的被试并不倾向于同意使用该策略能有效平复羞耻情绪。在能维持
对英语能力的自信自评上，重新计划的检验显著，转换视角策略边缘显
著，其他两类策略则效应不显著。表明使用重新计划和转换视角策略的被
试倾向于同意使用该策略能让自己维持对自己英语能力的自信，而使用自
责及责备他人策略的被试则不倾向于这么认为。在降低对他人评价担忧的
有效性自评上，除了自责策略外，其他三种策略的效应均显著，表明除
了使用自责策略的被试外，使用重新计划和转换视角策略的被试均倾向
于同意使用该策略能有效降低自己对他人负性评价的担忧，而责备他人
组的被试则正好相反。在调节羞耻情绪的整体效果的评价上，四种策略的
效应均显著，表明使用四种策略的被试均认为使用特定策略有助于帮助自
己更好地调节羞耻情绪。

表2-29   四种认知调节策略在调节效果和行为反应指标上的有效性

变量	条件	N	m±s	t	df	P
羞耻平复	重新计划	49	3.43±1.14	2.640	48	0.011
	转换视角	56	3.32±1.21	1.992	55	0.051
	自责	55	3.22±1.12	1.449	54	0.153
	责备他人	46	3.13±1.39	0.635	45	0.528
能力自信	重新计划	49	3.53±1.23	3.028	48	0.004
	转换视角	55	3.29±1.17	1.851	54	0.070
	自责	55	3.07±1.12	0.482	54	0.632
	责备他人	46	2.74±1.31	−1.354	45	0.183

续表

变量	条件	N	m±s	t	df	P
他人印象	重新计划	49	3.43±1.08	2.777	48	0.008
	转换视角	56	3.34±0.96	2.648	55	0.011
	自责	55	3.20±1.13	1.314	54	0.194
	责备他人	46	2.65±1.12	−2.107	45	0.041
整体调节效果	重新计划	49	3.94±0.90	7.308	48	0.000
	转换视角	56	3.59±1.02	4.311	55	0.000
	自责	55	3.51±1.09	3.475	54	0.001
	责备他人	46	3.50±1.13	3.000	45	0.004
弥补行为-能力	重新计划	49	4.37±0.67	14.339	48	0.000
	转换视角	56	4.14±0.88	9.688	55	0.000
	自责	55	4.22±0.81	11.161	54	0.000
	责备他人	45	4.58±0.54	19.488	44	0.000
弥补行为-印象	重新计划	49	3.94±1.01	6.516	48	0.000
	转换视角	56	3.82±1.13	5.440	55	0.000
	自责	55	3.69±1.09	4.716	54	0.000
	责备他人	46	4.13±0.91	8.431	45	0.000
他人负性评价	重新计划	49	1.98±0.99	−7.220	48	0.000
	转换视角	56	2.41±1.02	−4.311	55	0.000
	自责	55	2.45±1.03	−3.916	54	0.000
	责备他人	45	2.76±0.93	−1.757	44	0.086
回避行为	重新计划	49	1.86±1.04	−7.686	48	0.000
	转换视角	56	2.43±1.06	−4.037	55	0.000
	自责	55	2.38±1.06	−4.314	54	0.000
	责备他人	46	2.17±0.88	−6.389	45	0.000

注：N为样本量；m±s为平均值标±标准差；t为独立样本t检验的统计值；df为自由度；p为t检验的显著系数

在提高自己英语水平和提高老师对自己印象的弥补行为自评上，四种策略的效应均显著，表明使用四种策略的被试均认为在使用特定策略后会去努力学习来提高自己的英语水平，以及提升老师对自己的印象。在对老师有负性评价这一行为指标上，除了责备他人外，其他策略的效应均显著，表明除了责备他人策略的被试外，其他三种被试都倾向于认为自己不会因此不喜欢老师，而使用责备他人策略的被试则并不肯定自己是否会不喜欢老师。在回避上课这一行为评定上，所有四种策略的效应均显著，这表明使用四种策略的被试均不会认为自己会因此回避上英语课。

4）四种认知调节策略在调节有效性上的异同

使用ANCOVA考察四种策略在调节前后的四种情绪强度、事件影响程度及调节有效性的指标和行为反应指标上有效程度的差异。在四种情绪强度和事件影响程度的指标上，使用调节前后该指标的差值值作为自变量（前测-后测）。在所有检验中，使用对调节策略的确信程度作为控制变量（见表2-30）。从表2-30中可见，在四种情绪强度在调节前后的变化值上，愤怒情绪和焦虑情绪的主效应是显著的，羞耻和悲伤则不显著，表明四种调节策略在调节前后的愤怒和焦虑情绪强度的变化上有显著差异。进一步检验发现，在愤怒调节前后强度值上，责备他人策略组的愤怒强度变化值显著低于转换视角组和自责策略组，但和重新计划组无显著差别，而重新计划组边缘显著低于转换视角组，但和自责组无显著差异，表明使用责备他人策略和重新计划策略的被试在使用该策略后，相比转换视角组的被试，愤怒下降的程度更少。在焦虑情绪强度变化上，转换视角组的被试变化值显著高于自责组，但和其他组无显著差异，表明使用转换视角策略的被试在使用该策略后，相比使用自责的被试，其感到焦虑情绪的程度下降得更多。在事件影响程度的变化值上，主效应显著，表明四种策略在使用前后感到的事件影响程度的变化上有差别。进一步检验发现，相比使用转换视角策略的被试，使用自责策略的被试在使用调节策略后，认为事件对自己的影响程度下降得更少。

表2-30 四种认知调节策略在调节效性各指标上的差异

变量	条件	N	m±s	Fm	pm	Fb	pb
羞耻变化	重新计划	50	0.72±1.37	0.968	0.409	1.266	0.262
	转换视角	57	0.96±1.30	/	/	/	/
	自责	55	0.58±1.27	/	/	/	/
	责备他人	44	0.63±1.28	/	/	/	/
愤怒变化	重新计划	49	−0.14±1.62	5.195	0.002	0.366	0.546
	转换视角	56	0.54±1.32	/	/	/	/
	自责	55	0.31±1.00	/	/	/	/
	责备他人	44	−0.45±1.56	/	/	/	/
悲伤变化	重新计划	49	0.54±1.50	1.236	0.298	0.273	0.602
	转换视角	56	0.82±1.26	/	/	/	/
	自责	55	0.36±1.29	/	/	/	/
	责备他人	44	0.68±1.23	/	/	/	/
焦虑变化	重新计划	50	0.74±1.14	2.921	0.035	0.016	0.901
	转换视角	57	1.16±1.43	/	/	/	/
	自责	55	0.40±1.41	/	/	/	/
	责备他人	43	0.79±1.41	/	/	/	/
事件影响变化	重新计划	50	0.18±1.19	4.848	0.003	0.184	0.669
	转换视角	57	0.81±1.26	/	/	/	/
	自责	55	−0.13±1.45	/	/	/	/
	责备他人	42	0.33±1.34	/	/	/	/
羞耻平复	重新计划	50	3.43±1.14	0.358	0.784	3.332	0.069
	转换视角	57	3.32±1.21	/	/	/	/
	自责	55	3.22±1.12	/	/	/	/
	责备他人	44	3.13±1.39	/	/	/	/
能力自信	重新计划	50	3.53±1.23	3.621	0.014	0.082	0.775
	转换视角	56	3.29±1.17	/	/	/	/
	自责	55	3.07±1.12	/	/	/	/
	责备他人	44	2.74±1.31	/	/	/	/

续表

变量	条件	N	$m\pm s$	F_m	p_m	F_b	p_b
他人印象	重新计划	50	3.43±1.08	5.031	0.002	0.047	0.829
	转换视角	57	3.34±0.96	/	/	/	/
	自责	55	3.20±1.13	/	/	/	/
	责备他人	44	2.65±1.12	/	/	/	/
整体调节效果	重新计划	50	3.94±0.90	1.468	0.225	7.101	0.008
	转换视角	57	3.59±1.02	/	/	/	/
	自责	55	3.51±1.09	/	/	/	/
	责备他人	44	3.50±1.13	/	/	/	/
弥补行为-能力	重新计划	50	4.37±0.67	3.984	0.009	6.466	0.012
	转换视角	57	4.14±0.88	/	/	/	/
	自责	55	4.22±0.81	/	/	/	/
	责备他人	43	4.58±0.54	/	/	/	/
弥补行为-印象	重新计划	50	3.94±1.01	1.673	0.174	2.106	0.148
	转换视角	57	3.82±1.13	/	/	/	/
	自责	55	3.69±1.09	/	/	/	/
	责备他人	44	4.13±0.91	/	/	/	/
他人负性评价	重新计划	50	1.98±0.99	4.204	0.007	4.188	0.042
	转换视角	57	2.41±1.02	/	/	/	/
	自责	55	2.45±1.03	/	/	/	/
	责备他人	44	2.76±0.93	/	/	/	/
回避行为	重新计划	50	1.86±1.04	3.253	0.023	1.774	0.184
	转换视角	57	2.43±1.06	/	/	/	/
	自责	55	2.38±1.06	/	/	/	/
	责备他人	44	2.17±0.88	/	/	/	/

注：N 为样本量；$m\pm s$ 为平均值标±标准差；F_m=主效应的 F 值；p_m=主效应的 p 值；F_b = 确信程度控制变量的效应值；p_b = 确信程度控制变量的 p 值

在调节效果的四个指标上，在平复羞耻情绪的有效性和整体调节有效性的评定上，四种策略的主效应不显著，表明四种策略在这两个指标的评定上无显著差异。在维系英语能力的自信与降低对他人负性评价担忧的指标上，主效应显著，进一步检验发现，责备他人组对维系自信能力上的评价显著低于重新计划组，但其他组之前无显著差异，表明使用责备他人策略的被试相比使用重新计划策略的被试更不倾向于认为使用该策略能让自己觉得自己的英语能力还是不错的。在降低对他人负性评价的担忧上，责备他人组的评价显著低于其他三组，其他三组间无差异，表明相比之下，使用责备他人策略的被试更不倾向于认为使用该策略后能降低自己对他人负性评价的担忧。

在四个行为指标上，除了为提升老师对自己的印象的弥补行为外，其他三个行为评定上的调节策略主效应均显著。进一步检验发现，在提高自己英语能力的弥补行为上，责备他人组的评分显著高于转换视角组和自责组，但和重新计划组并未有显著差异，表明使用责备他人策略的被试在使用该策略后更倾向于认为自己会努力学习来提高自己的英语水平。在对老师有负性评价的行为评定上，责备他人策略组显著高于重新计划策略组，和其他策略组无显著差异，表明相对于使用重新计划策略的被试而言，使用责备他人策略的被试在使用特定策略后更倾向于会对老师有不好的评价。在回避行为上，重新计划组的评定显著低于转换视角组和自责组，但和责备他人组无显著差异，表明使用重新计划策略的被试相比使用转换视角和自责策略的被试更不倾向于认为自己会回避来上英语课。

4. 讨论

本研究使用情境实验法，通过让被试首先阅读能唤起羞耻情绪的个人无能故事，然后分别使用重新计划、转换视角、自责和责备他人四种不同的认知调节策略，考察不同的认知调节策略在调节羞耻情绪效果上的异同。总体上，本研究的结果是和实验预期相一致的。首先，重新计划策略和转换视角策略在调节效果的指标上相对优于自责和责备他人策略；其次，四种调节策略在不同的调节效果指标上有不同的差异。

1）四种认知调节策略各自的调节效果

在四种认知调节策略各自的调节效果上，本研究发现，对于重新计划策略而言，该策略在对负性情绪强度的调节上能显著降低羞耻情境中个体自评的焦虑情绪，对悲伤和愤怒情绪的强度则无显著影响，而在羞耻情绪强度上，使用该策略的个体认为可降低羞耻情绪强度，但这种效应在个体调节前后以即刻评定的羞耻情绪强度上则没有表现出来；在对自己眼中和他人眼中的自我认同的影响指标上，个体均认为使用该策略能降低事件对自我认同的负面影响；在行为指标上，使用该策略的个体均认为自己会出现弥补行为，但不会出现攻击他人和回避行为。

对于转换视角策略而言，在调节负性情绪强度的效果上，该策略能显著降低个体体验到的羞耻情绪，但对其他三种负性情绪的强度并未有显著影响；在对自己眼中/他人眼中的自我认同的影响指标上，个体均认为使用该策略能降低事件对自我认同的负面影响；在行为指标上，使用该策略的个体均认为自己会出现弥补行为，但不会出现攻击他人和回避行为。

对于自责策略而言，在调节负性情绪强度的指标上，这种策略的效果仅表现在羞耻情绪强度上，且尽管使用该策略的个体认为无法通过该策略的使用来降低羞耻情绪强度，但这种效应在个体调节前后即刻评定的羞耻情绪强度却有所体现；在自我认同的影响指标上，个体均不认为使用该策略能降低事件对自己眼中及他人眼中的自我认同的负面影响；在行为指标上，使用该策略的个体均认为自己会出现弥补行为，但不会出现攻击他人和回避行为。

对于责备他人策略而言，在负性情绪强度的调节指标上，使用该策略被发现可显著降低个体所体验到的悲伤的情绪强度，但个体并不认为使用

该策略能平复其体验到的羞耻强度；在自我认同的影响指标上，个体也均
不认为使用该策略能降低事件对自己眼中及他人眼中的自我认同的负面影
响；在行为指标上，使用该策略的个体认为自己会出现弥补行为，不会出
现回避行为，但有可能会出现给予他人负评价的行为。

上述结果表明，重新计划和转换视角策略在三类指标上均相对表现出
能较为有效地调节羞耻情绪体验，而自责和责备他人策略在除行为指标之
外的情绪强度和自我认同影响的指标上均相对表现出无法很有效地调节羞
耻情绪体验。这一结果和前人的研究及本书研究一对这些策略的分类相一
致的。重新计划策略在之前对认知调节策略的研究中被认为是一种以问题
解决为焦点或以行动为焦点的认知策略（Garnefski et al., 2001），而对于羞
耻情绪体验的调节而言，其是一种承认羞耻事件对自我认同的损伤，然后
旨在修复自我认同损伤的修复型策略。从策略本身的性质和功能来看，重
新计划策略的调节效果更多在于提出修复自我认同损伤的可能途径，这一
点在该策略对行为指标的有效性上有了充分的体现。从本研究中个体对这
一策略的描述来看，这种途径包括了采取行动去提升受到负性评价的自我
能力，以及采取行动去修复在评价者眼中的自我形象，而这些途径是和羞
耻情绪对个体的影响相对应的——提示自己或他人眼中的自我认同受损。
但这一策略并非是一种以情绪为焦点的策略，而且鉴于使用这一策略的同
时表明个体已经承认自我认同受损，因此这一策略的使用并不会立即降低
个体的羞耻情绪强度，但个体在头脑中得到了修复自我认同的途径从某种
程度上已经等于正在修复自我认同，所以也就可以解释为何个体即刻评估
的羞耻强度并未随着使用这一策略而有所降低，但在之后的评定中却认为
其能有效平复自己的羞耻情绪，并认为该策略的使用能有效降低事件对自
我认同的负面影响。

转换视角策略的核心是重新评估事件的严重程度，尽管在对认知情绪
调节策略的分类（Garnefski et al., 2001）中并没有明确指出其属于行动焦

点还是情绪焦点的策略，但这一策略实质上是和 Gross（2003）界定的认知重评（cognitive appraisal）策略（指改变对带有情绪唤起的情境的建构从而降低情绪的影响的策略）类似的。不少研究都表明，这种被划分为先行调节策略的认知重评策略能有效降低个体在情绪唤起情境中的情绪体验，占有认知资源相对更少（Gross and Hansen，2000；Mauss et al.，2007；Richards and Gross，2006）。这一策略在有效降低羞耻情绪强度上的效果也在本研究中得到了证实。另外，从对羞耻情绪调节的角度来看，转换视角被归类为一种重新评价类的防御型策略，即个体尝试通过降低羞耻事件的严重程度，从而防御羞耻事件对自我认同的损伤。从本研究个体对这一策略所做的描述中可以发现，这包括直接降低事件对自我认同的破坏程度，以及降低他人给予自己负性评价的可能性和程度，这一点同样是和羞耻情绪的特性相一致的。

自责和责备他人策略在对认知调节策略的分类中都被认为是消极的情绪调节策略（Garnefski et al.，2001）。自责策略被发现能预测抑郁和焦虑症状（Martin and Dahlen，2005），并和青少年的内化问题严重程度相关（Garnefski et al.，2005），尽管也有研究发现没有这种消极的效应（Garnefski and Kraaij，2006；Garnefski et al.，2001；Turner and Schallert，2001）。责备他人策略被发现会和个体经历应激事件后出现的更糟糕适应后果有关，但同样，研究结果也并不一致（Turner and Schallert，2001）。这种不一致性似乎也体现在本研究的结果中，即这两种策略虽都被发现无法很好地缓解个体所体验到的羞耻情绪强度，也无法有效缓解羞耻事件对个体自己眼中及他人眼中的自我认同的破坏程度，但使用这两种策略的个体同样也倾向于出现旨在提升能力和修复印象的弥补行为，且并没有因此而出现回避行为。

2）四种认知调节策略在调节效果上的异同

本研究同时也比较了四种认知调节策略在不同调节效果指标上的可能

异同。结果发现，在对负性情绪强度的调节指标上，四种调节策略的差异主要表现在愤怒和焦虑情绪上，而且均发现转换视角策略相比其他三种策略能相对降低更多的愤怒和焦虑情绪，责备他人策略则相对最无法降低愤怒情绪，自责策略则相对最无法降低焦虑情绪。另一方面，四种策略在羞耻情绪强度的调节效果上则并未表现出显著的差异。在对自己眼中/他人眼中的自我认同的影响上，责备他人策略均被发现是调节效果相对较差的策略。相对来说，在行为指标上，重新计划策略的使用会让个体更倾向于出现提高自我能力的弥补行为，更不倾向于给老师负性评价及出现回避行为；而责备他人策略的使用虽会让个体更倾向于出现提高自我能力的弥补行为，更不倾向于出现回避行为，但会让个体更倾向于对老师有负性的评价。

这些结果表明，如果将四种认知情绪调节策略的调节效果在不同的调节指标上进行比较，并没有出现一种调节策略在所有调节指标上均表现出最有效或最无效的情况。相比之下，重新计划策略最能促使个体出现更富建设性的弥补行为倾向；转换视角策略能更好降低负性情绪的强度；而责备他人策略最无法降低事件对自我认同的破坏程度，既能促使个体出现更富建设性的弥补行为倾向，也可能引发个体出现攻击他人的行为倾向。之前对认知情绪调节策略的一些研究发现，情绪调节策略的有效性是相对的，理论上更积极或更消极的调节策略也并非在任何情境中都有效或都无效（Garnefski et al.，2005；Martin and Dahlen，2005）；同样，在几个研究者（Compas et al.，2001；Folkman and Moskowitz，2004）对应对方式的有效性的不同回顾中也得出了相类似的结论。而综合本研究的结果，可以得出的一个启示是：选用何种指标来考察特定情绪调节策略的有效性，也很可能是造成研究结果间不一致性的原因之一。

5. 研究结论

本研究主要结论如下。

（1）相对于其他策略而言，重新计划和转换视角策略在负性情绪强度、对自我认同影响程度及行为后果指标上，均能表现出较好的调节效果，而自责和责备他人策略在负性情绪强度和自我认同影响的指标上均表现出相对无效的调节效果。

（2）在不同调节效果指标上，四种认知调节策略的差异有所不同。相比之下，重新计划策略最能促使个体出现更富建设性的弥补行为倾向；转换视角策略能更好地降低负性情绪的强度；而责备他人策略最无法降低事件对自我认同的破坏程度，且其既可能促使个体出现更富建设性的弥补行为倾向，也可能引发个体出现攻击他人的行为倾向。

2.3.2 子研究2：任务失败条件下转换视角策略和自责策略对羞耻情绪的情绪调节效果的研究

1. 问题提出

在研究三的子研究1中，使用情境实验法考察了在个人无能的羞耻情境中，重新计划、转换视角、自责和责备他人四种认知调节策略在调节羞耻情绪体验上的效果。研究发现，重新计划和转换视角相对而言在调节效果上优于自责和责备他人策略，但四种策略在不同调节效果指标上有不同的差异。本研究将进一步使用实验室任务法考察转换视角和自责这两种认知调节策略在调节羞耻情绪体验的效果。本研究基本的实验范式和Gross等在情绪调节过程模型研究中常用的实验范式相类似（Gross and Hansen，2000），即首先唤起羞耻情绪，然后要求个体操作转换视角或自责的认知情绪调节策略，并评定各调节效果指标。在情绪唤起上，采用和研究二的子研究2相同的实验任务，通过评价任务失败的方式来诱发个体的羞耻情绪体验。此外，本研究除了实验室任务之外，还会在被试完成实验的一周之后对被试进行回访，以期更好地考察实验任务及调节策略对个体的记忆、自我能力评价和行为表现可能产生的长期影响。

　　在调节效果指标的选择上，除了采用和研究三的子研究 1 相同的三类指标，即负性情绪体验强度、对自我认同损害的影响以及行为指标外，本研究还增加了两类效果指标，其一是生理指标，采用个体情绪调节前后的心率和心率变异性作为衡量调节效果的指标。心率变异性（heart rate variability，HRV）指的是窦性心律的波动变化程度，这种心动频率的差异程度反映了交感神经和副交感神经协调活动的兴奋和抑制程度（钟运健等，2004）。其检测分析方法主要有时域分析和频域分析两种，前者的分析指标主要包括低频功率（low frequency，lf，频段为 0.04～0.15Hz），高频功率（high frequency，hf，频段为 0.15～0.4Hz）及低高频功率比（lf/hf）。高频功率主要反映了副交感神经兴奋的结果，低频功率与血压波动、外周血管舒缩兴奋性及血管紧张素等因素有关，而低高频功率比（lf/hf）则反映了交感和副交感神经的平衡性，其数值的增加反映的是交感神经兴奋性增强（张复生和闫晓霞，2000）。后者的指标常见的是 RR 间期标准差（standard diviation of NN intervals，SDNN）和 RR 间期标准差值均方根（rMSSD），SDNN 总体上反映了心率变异性的程度，其降低反映出的是副交感神经系统活动降低，或交感神经系统活动上升，而 rMSSD 主要反映的是副交感神经的兴奋程度（Lande et al.，2004）。HRV 除了用于判断心脏疾病的严重程度和预后之外（张复生和闫晓霞，2000），也用于军事医学和航天航空领域测量飞行员或宇航员的自主神经系统平衡情况，或作为一种测量个体压力负荷程度的指标，其值越低，表明压力负荷越大（钟运健等，2004）。此外，HRV 也被用于测量焦虑障碍和抑郁障碍的病人的生理反应。例如，惊恐障碍的病人会出现 hf（高频功率）减低，lf（低频功率）升高，lf/hf 升高和 SDNN 降低，这反映了这些病人具有副交感神经系统被抑制，而交感神经系统活跃的特点（Lande et al.，2004）。在抑郁病人身上，研究结果则并不一致，有的研究发现抑郁症状和 HRV 降低有关，有的则没有发现（Lande et al.，2004）。

增加的第二类指标是回访过程中采集的信息，包括个体对实验当时情绪唤起强度的记忆、实验结束后的想法和相关行为表现，以及对自己在试验中受到负性评价的能力的评估。

2. 研究方法

1）被试

来自北京某两所大学的本科生及研究生61人。其中来自A大学的本科生及研究生被试51人，均是阅读了研究者在大学校内BBS上发布招募被试的信息后自愿应征而来。B大学的研究生被试10人，为研究者邀请同学招募而来。

被试被随机分配到两个实验条件下（转化视角组和自责组），其中9人因为实验任务未能唤起其羞耻情绪而被淘汰（转换视角组8人，自责组1人），2名被试因在完成实验应激任务时猜测到实验意图而被淘汰（转换视角组2人）。在有效的50名被试中，男生28名，女生22名，年龄范围18~35岁，平均年龄22.98±2.68岁。自责组25人，其中男生13人，女生12人；转换视角组25人，其中男生15人，女生10人。

2）研究方法与工具

本研究采用实验室任务法，通过让被试完成一项应激性的认知任务，并给予失败的评价来唤起被试的羞耻情绪体验。实验应激任务与研究二的子研究2的实验任务相同。研究为单因素二水平组间设计，自变量为调节策略类型，分为转换视角策略与自责策略两个组，通过操纵被试在完成应激任务后实施的认知策略的类型来操纵自变量。

因变量为调节有效性指标，分为五类。

（1）自评情绪指标四种，包括羞耻、生气、伤心和焦虑情绪，均为

1~7 七点评分，1 代表完全没有相应情绪体验，7 代表最为强烈的相应情绪体验。

（2）自评的相关调节有效性指标四种，包括做了指定认知调节策略后羞耻感的下降程度、对相关能力的自信的影响程度、对相关能力的他人评价的担忧程度，以及调节策略的整体有效程度，均为 1~5 五点评分，1 代表完全不同意相应陈述，5 代表完全同意相应陈述。

（3）自评的相关行为倾向指标三种，包括修复自我认同的弥补行为（1 个条目）、攻击他人行为（对评价系统的负性评价和对评价者的喜好程度，共 2 个条目），以及回避行为（不愿意参加类似实验和愿意和评价者一同完成任务的意愿程度，共 2 个条目），均为 1~5 五点评分，1 代表完全不同意相应陈述，5 代表完全同意相应陈述。

（4）生理指标，使用生理相干与自主平衡系统的测量仪器测量的调节策略操作前后平均心率和心率变异性指标。

（5）回访时采集的信息，包括对当时四种情绪体验强度的回忆情况，回想实验的次数、对自己速算能力的评价及实验后的想法和行为表现。

控制变量包括五类。

（1）做指定认知调节策略前的所有四种自评情绪强度及回忆时的四种情绪强度。

（2）对自我负性认知评估及事件归因所做的评定，均为 1~5 五点评分，1 代表完全不同意相应陈述，5 代表完全同意相应陈述。

（3）对指定的认知调节策略的确信程度，0~10 十点评分，其中 0 代表完全不相信，10 代表完全相信。

（4）被试的自尊水平、特质羞耻水平、害怕负评价的水平和状态焦虑水平。

（5）基线生理值，包括基线心率值和心理变化率情况。

诱发羞耻情绪的实验任务。本研究采用的应激性任务和研究二的子研究2中指向自我组的实验任务完全相同，即要求被试对计算机上呈现的80题两位数加法等式用鼠标进行正误判断，每个加法等式的呈现时间为3000毫秒（ms），在完成所有判断后，均给予"正确率16.25%，在476名测试者中的百分排位为后37.75%"的负性评价信息。所有实验任务及最后给予的失败评价反馈均使用心理学实验软件Presentation 0.71实现。

其他变量的测量。在完成实验任务的前后，被试均需完成前测和后测问卷。在前测问卷中，被试要求填写《状态焦虑问卷》（SAI），《自尊量表》（SES），《大学生羞耻量表》（ESS），《害怕负评价问卷》（FNE），最后让被试使用1~7七点量表评定羞耻、生气、焦虑和伤心四种情绪，1代表完全没有这种情绪体验，7代表有很强烈的情绪体验，从而测量作为控制变量的自尊、害怕负评价及特质羞耻水平以及被试的情绪基线值。

后测问卷分为两个版本，即自责策略版本和转换视角策略版本（附录7）。每个版本均有三部分组成，除了第二部分的策略操作外，其他两部分完全相同。第一部分是让被试再次使用1~7七点评分评定此时体验到的四种情绪体验。

第二部分要求被试根据指导语做具体的认知调节策略，并把产生的具体策略写在空白处，然后使用0~10十点评分评定自己对所写下的认知调节策略的确信程度。四种实验条件的指导语如下：①请想一下你有哪些缺点、不足或表现得有问题的地方从而造成了这个测验目前的结果（自责）。②请想一下有什么理由让你觉得整个测试的结果或你的表现其实并不那么糟糕（转换视角）。

第三部分要求被试做情绪体验强度，和羞耻体验相关的自我负性认知评估的评定，以及相关调节有效性指标的评定：①再次评定目前四种情绪状态体验。②使用1~5五点评分做自我负性认知评估的评定（自我指向和他人指向，各有自我行为、自我能力和整体自我3个条目组成）、归因（归因位置、可控性和稳定性，各有一个条目）。③使用1~5五点评分评定四种调节有效性指标和三种行为倾向指标。

生理相干与自主平衡系统的测量仪（Self-generate Physiological Coherence System，SPCS）

SPCS 是基于测量个体的心率和心率变异性为基础的生物反馈训练软件。该系统包括专用测量软件及作为测量仪器的光体积扫描传感器，该传感器可连接于人的身体的某一部位（如耳部），并通过 USB 接口与计算机相连接。用户可在计算机屏幕上实时监控心率及心率变异性的数据，并标记用于分析的时间段。其最小分析时间段为 64s，可提供平均心率、心率标准差及各种心率变异性指标。本研究所选用的指标为平均心率、低频功率（lf），高频功率（hf），低高频功率比（lf/hf），以及时域分析指标 RR 间期标准差（SDNN）和 RR 间期差值均方根（rMSSD）六种。

3）研究程序

实验室任务程序。本研究由受过事先培训的心理学研究生（男）和研究者本人（女）作为实验的主试。整个实验流程如下。

（1）主试请实验者入座，并简要介绍实验目的、流程及使用生理仪测量心率的情况，指导语如下：

"这个实验想考察的是心理状态稳定性和算数能力之间的关系。首先我想让你自己估计一下，你的算数能力大概在一般的同龄人里面的排位是多少，以百分比来表示，比如说前30%，前25%。（主试递给被试纸条）你先在纸上写下你名字的简拼，然后写你对自己的估计，再交给我。（主试收纸条）。谢谢。"

"下面我会说一下实验流程。首先你会做一份问卷，问卷的内容主要是关于你目前的情绪状态和一些基本的个人心理素质特点。然后你会在计算机上完成一个算数测验，先是一个练习测验，再是一个正式测验，测验完成之后，计算机软件会给你一个正确率的反馈，以及你在数据库中和其他人相比的成绩排名。在整个测验过程中，我们都会使用一个测量心率的仪器来测量你的心率情况。在做测试的过程中，你有时候可能感觉到没有办法完全准确地判断，那时候也请凭你的感觉猜测一下，因为你的每个反应都对最后的结果是非常重要的。在完成实验之后你还需要填写一份问卷，内容是了解你当时的情绪状态以及在实验过程中的感受和想法。我们会根据你的测试结果来邀请你参加进一步的实验。"

（2）主试发给被试前测问卷。

（3）被试完成问卷，主试引导被试就座在计算机前，连接生理相干与自主平衡系统的测量仪器，进行5分钟的心率及心率变化率的测量，标记时间点1。

（4）结束基线值测量，标记时间点2。激活程序，开始实验。

"先做的是练习部分，主要目的是熟悉按键反应。然后我再帮助你开始正式实验，你完成练习后告诉我。"

（5）结束练习，开始正式实验，标记时间点3。

（6）主试等待正式实验做完，标记时间点4，等待结果出现"在你看到反馈结果后，向我举手示意"，被试举手示意后，标记时间点5。

（7）主试把后测问卷给被试，"请填写一下实验后的问卷，在填写完第一面时向我举手示意"。在被试填写完第一部分的情绪测评后，标记时间点6。

（8）主试让被试开始认知操作部分的内容，"下面请你完成第二面的问卷，请你一定要根据我们的指导语来操作，在完成之后向我举手示意"。主试等待被试举手示意，标记时间点7。

（9）主试让被试继续做问卷，"下面请继续完成之后的问卷。"等待被试完成后，标记时间点8。

（10）主试回收后测问卷，并询问被试的感受："你觉得这个测验怎么样？你觉得自己完成的好吗？有什么想问我的吗？你觉得我们实验的目的是什么?"主试做实验目的澄清:"其实这个测试的目的并不是考察你的速算能力,而是想考察在应激条件下,你会有什么样的感受和想法。之前的速算正确率和结果都是我们事先设定好的,所以你不必在意,并没有真正记录你的成绩。非常感谢你的参与。"

(11)主试让被试签被试单,领取被试费。

(12)主试询问被试是否愿意接受一周后的电话回访,记录被试电话。

(13)被试领取15元的费用。

回访程序。在被试完成实验后的7天内,由研究者通过电话与被试做3~5分钟的回访。整个回访流程如下。

(1)主试邀请被试使用1~7七点量表评定此时此刻的四种情绪状态强度:羞耻、焦虑、生气、伤心。

(2)主试邀请被试使用1~7七点量表评定实验对自己的影响程度。

(3)主试邀请被试回忆在实验完成后的一周内回想实验的次数以及向其他人提及实验的次数,并再次用百分位数评定自己速算能力在同龄人间的排位。

(4)主试邀请被试回忆当看到测验结果时的想法和当时四种情绪状态强度。

(5)主试邀请被试回忆在完成实验后的想法,其回想实验时的想法以及和他人谈论实验时的大概内容。

(6)主试感谢被试的参与,澄清回访的目的,询问被试是否有进一步疑问并回答相关疑问。

3. 研究结果

1)实验条件控制变量检验的结果

使用独立样本 t 检验考察两个实验条件组在性别、年龄及五类控制变量上的差异（见表2-31）。结果发现，除了对认知调节策略操作的确信程度外，两组之间无显著差异。在确信程度上，自责组显著高于转换视角组。这一结果表明，两个实验条件组的实验条件是基本匹配的，实验任务并未造成两组在情绪体验及归因评估上的差异，但相比自责组，转换视角组的被试对自己所写下的认知调节策略的内容更不确信。从实验任务唤起的情绪强度看，实验唤起了中低度的羞耻情绪，中度的焦虑情绪，轻微的生气和中低度的伤心情绪。

表2-31　两个实验组在控制变量上的差异比较结果

变量	条件	N	m±s	t	df	p
性别	自责	25	1.48±0.51	0.560	48	0.578
	转换视角	25	1.40±0.50	/	/	/
年龄	自责	25	22.6±2.47	−1.004	48	0.320
	转换视角	25	23.36±2.87	/	/	/
焦虑-基线	自责	25	2.56±1.39	0.992	48	0.326
	转换视角	25	2.16±1.46	/	/	/
羞耻-基线	自责	25	1.56±1.12	−0.257	48	0.798
	转换视角	25	1.64±1.08	/	/	/
生气-基线	自责	25	1.68±1.28	0.905	48	0.370
	转换视角	25	1.40±0.87	/	/	/
伤心-基线	自责	25	1.56±1.12	−0.347	48	0.730
	转换视角	25	1.68±1.31	/	/	/
焦虑-唤起	自责	25	3.96±1.62	0.490	48	0.626
	转换视角	25	3.72±1.84	/	/	/
羞耻-唤起	自责	25	3.48±1.87	0.000	48	1.000
	转换视角	25	3.48±1.48	/	/	/
生气-唤起	自责	25	2.40±1.44	−0.459	48	0.648
	转换视角	25	2.60±1.63	/	/	/

续表

变量	条件	N	m±s	t	df	p
伤心-唤起	自责	25	3.08±1.73	0.255	48	0.800
	转换视角	25	2.96±1.38	/	/	/
确信程度	自责	25	8.36±1.19	2.074	48	0.043
	转换视角	25	7.36±2.10	/	/	/
自我-行为	自责	25	4.28±0.79	0.474	48	0.637
	转换视角	25	4.16±0.99	/	/	/
自我-能力	自责	25	3.52±1.23	0.456	48	0.651
	转换视角	25	3.36±1.25	/	/	/
自我-整体	自责	25	2.68±1.44	0.463	48	0.646
	转换视角	25	2.52±1.30	/	/	/
他人-行为	自责	25	3.12±1.13	1.390	48	0.171
	转换视角	25	2.68±1.11	/	/	/
他人-能力	自责	25	3.12±1.20	1.228	48	0.226
	转换视角	25	2.72±1.00	/	/	/
他人-整体	自责	25	2.16±1.07	0.269	48	0.789
	转换视角	25	2.08±1.04	/	/	/
归因位置	自责	25	3.68±1.11	0.737	48	0.465
	转换视角	25	3.44±1.19	/	/	/
归因可控性	自责	25	3.40±1.00	0.383	48	0.704
	转换视角	25	3.28±1.21	/	/	/
归因稳定性	自责	25	3.80±1.15	−0.679	48	0.500
	转换视角	25	4.00±0.91	/	/	/
基线平均心率	自责	25	76.91±8.19	−0.623	48	0.536
	转换视角	25	78.47±9.47	/	/	/
SDNN基线	自责	25	72.64±28.90	0.133	48	0.895
	转换视角	25	71.14±48.68	/	/	/
rMSSD基线	自责	25	67.38±40.00	0.229	48	0.820
	转换视角	25	63.78±67.69	/	/	/

续表

变量	条件	N	m±s	t	df	p
Lf基线	自责	25	617.89±1582.33	1.170	48	0.248
	转换视角	25	243.19±245.73	/	/	/
Hf基线	自责	24	267.08±788.66	1.238	47	0.222
	转换视角	25	68.30±148.21	/	/	/
lf/hf基线	自责	25	5.24±5.00	−1.183	48	0.242
	转换视角	25	6.69±5.14	/	/	/
状态焦虑−前测	自责	25	37.32±9.34	0.863	47	0.393
	转换视角	24	35.08±8.79	/	/	/
自尊	自责	25	30.12±2.91	−0.798	48	0.429
	转换视角	25	30.84±4.60	/	/	/
特质羞耻	自责	24	56.08±12.73	1.535	47	0.132
	转换视角	25	51.08±9.98	/	/	/
害怕负评价	自责	24	95.92±15.15	0.600	47	0.551
	转换视角	25	93.32±15.13	/	/	/

注：N为样本量；m±s为平均值±标准差；t为独立样本t检验的统计值；df为自由度；p为t检验的显著系数

2）两种认知调节策略的具体内容

在自责组中，76.0%（19/25）的被试所描述的内容指向的是自己当时行为或情绪状态的（如"反应慢，实验过程紧张""心里的计算结果与手的按键反映不一致，越着急的时候反而会按错""做错一道题后会花时间去想，因此耽搁了下一题，以此类推""往往反应出正确的结果时手已经按错键，有些慌张"），16%（4/25）的被试所描述的内容是指向自己能力或特质的（如"速算能力不好""优柔果断，不专心，头脑不灵活，神经不兴奋"），另有12%（3/25）的被试所描述的内容同时包括了行为和特质的内容（如"有一些紧张和不自信导致不能及时对题""没有看清楚提示语就开始操作，对前几道题没有把握好有点慌张，没有提醒自己左键和右键的功能，有点手忙脚乱，追求完美，想做得更好""不够淡定，容易受既得的结果影响，顾虑多，易分神"）。

在转换视角组中，所有被试描述的内容都是从自己的角度来降低事件的严重程度，包括认为由能力之外的其他原因造成的结果（如"我昨晚休息欠佳大脑不太清楚，反应不够敏捷，我对按'左键'成立，按'右键'不成立还不习惯，否则可能就会使正确率提高了""最近注意力无法集中在一件事情上，生活中遇到一些困惑，时常困扰我""主要是因为按键反应不过来，明明判断准确，却因为按键出现错误很多"），或指出测试的不佳结果是可以改变的（如"需要适应这个测试，还不太适应测试的速度""多练习一会儿，正确率会非常高"），或指出速算能力对自己并不重要（如"本来速算就很差，做事总是慢吞吞不着急，想明白了再做，没有必要着急做""感觉结果对我来说没什么，在2秒这么短短时间的速算对我来讲本是一件困难的事，所以本没抱什么期望，结果就无所谓了，当然还是有点小郁闷的，做错了那么多""我最近比较累，判断失误也是正常的，速度本来就不是我的强项"），或强调自己做的正确的部分（如"中间有一段估算对了，但有几个手误按错了，影响了节奏和情绪，凡是做对的都是算对的，不是蒙的"）。

3）两种认知调节策略在调节羞耻情绪上的有效性

使用相关样本 t 检验分别考察使用自责策略和转换视角策略在调节前后四种情绪指标以及心率指标上的差异（见表2-32）。从表2-32中可见，在调节前后的羞耻情绪强度上，转换视角组的调节后的情绪体验显著低于调节前，而自责组无显著差异。在焦虑情绪上，两个实验组调节后的情绪体验强度均显著低于调节前。在生气情绪上，两组调节前后的情绪体验强度均无显著差异。在伤心情绪上，自责组调节后的情绪体验强度低于调节前，达到边缘显著，转换视角组调节后的情绪体验强度显著低于调节前。

表2-32　两种认知调节策略在情绪强度及生理指标上的有效性

变量	条件	调节前 $m\pm s$	调节后 $m\pm s$	t	df	p
羞耻	自责	3.48±1.87	3.32±1.82	0.625	24	0.538
	转换视角	3.48±1.48	2.72±1.57	4.106	24	0.000
焦虑	自责	3.96±1.62	3.48±1.76	2.213	24	0.037
	转换视角	3.72±1.84	3.04±1.62	2.125	24	0.044
生气	自责	2.40±1.44	2.64±1.70	−1.445	24	0.161
	转换视角	2.60±1.63	2.08±1.38	1.698	24	0.102
伤心	自责	3.08±1.73	2.80±1.78	1.899	24	0.070
	转换视角	2.96±1.59	2.44±1.56	2.487	24	0.020
平均心率	自责	77.07±5.96	77.48±6.04	−0.790	24	0.437
	转换视角	80.85±9.19	80.53±9.30	0.524	24	0.605
SDNN	自责	63.09±27.42	51.80±19.82	2.245	24	0.034
	转换视角	60.99±25.99	57.74±43.22	0.462	24	0.649
rMSSD	自责	58.87±36.28	43.78±17.71	2.118	24	0.045
	转换视角	55.73±42.09	55.91±68.82	−0.018	24	0.986
lf	自责	253.76±282.83	152.47±122.70	2.008	24	0.056
	转换视角	169.11±148.02	113.29±55.47	1.794	24	0.085
hf	自责	51.21±84.44	29.82±25.76	1.415	24	0.170
	转换视角	46.61±95.15	23.99±16.22	1.210	24	0.238
lf/hf	自责	7.10±4.70	6.87±3.78	0.235	24	0.816
	转换视角	6.71±5.33	5.86±2.82	0.775	24	0.446

注：$m\pm s$为样本量；t为独立样本t检验的统计值；df为自由度；p为t检验的显著系数

在心率及心率变化率指标上，自责组在SDNN，rMSSD，lf指标上调节后的指标值均显著低于调节前，在其他生理指标上则调节前后无显著差异。转换视角组在所有指标上均无显著差异。

使用简单效应t检验考察两种认知策略在调节效果指标和行为反应评定

上的效果。考虑到所有评定均为1~5五点评分，1表示完全不同意，5表示完全同意，所以将3设为比对的基线值，考察在两种调节策略下，被试使用了各自的调节策略后对调节效果及行为反应评定指标上是否与基线值有差别，显著高于基线值则表明个体倾向于同意这一陈述，反之则不同意（见表2-33）。

表2-33　两种认知调节策略在调节效果和行为反应指标上的有效性

变量	条件	N	m±s	t	df	P
羞耻平复	自责	25	3.56±1.04	2.682	24	0.013
	转换视角	25	3.88±0.93	4.745	24	0.000
能力自信	自责	25	3.60±0.96	3.133	24	0.005
	转换视角	25	3.76±1.13	3.368	24	0.003
他人印象	自责	25	3.12±1.10	0.549	24	0.588
	转换视角	25	3.48±0.82	2.918	24	0.008
整体调节效果	自责	25	3.80±0.96	4.178	24	0.000
	转换视角	25	3.56±1.19	2.347	24	0.028
弥补行为	自责	25	3.28±1.31	1.071	24	0.295
	转换视角	25	2.68±1.11	−1.445	24	0.161
对测试评价	自责	25	3.16±0.94	0.848	24	0.405
	转换视角	25	3.36±0.91	1.984	24	0.059
回避行为	自责	25	1.84±1.07	−5.432	24	0.000
	转换视角	25	2.04±0.79	−6.080	24	0.000
对主试评价	自责	25	4.28±0.74	8.683	24	0.000
	转换视角	25	4.48±0.59	12.629	24	0.000
自己意愿	自责	25	3.32±0.90	1.778	24	0.088
	转换视角	25	3.44±1.12	1.963	24	0.061

注：N为样本量；$m±s$为平均值±标准差；t为独立样本t检验的统计值；df为自由度；p为t检验的显著系数

对于自责组而言，被试评定的羞耻平复程度、维持速算能力自信程度及整体调节效果评价的效应均显著，对他人负性评价担忧的评定效应则不显著，表明使用该策略的被试倾向于认为使用这一策略能有效平复羞耻情绪，能维持对速算能力的自信并认为使用该策略能更好帮助其调节情绪，但并不认为使用该策略能有效降低对他人负性评价的担忧。在行为倾向指标的评定上，自责组在回避行为和对主试的喜好程度检验效应显著，表明自责组被试在使用该策略后更不倾向于对测验产生回避行为，更倾向于认为主试是友好的，但并不肯定自己是否会出现弥补行为，不肯定自己是否愿意和主试一同完成数学任务。

对于转换视角组而言，被试在评定的所有四种调节效果指标上效应均显著，即表明使用该策略的被试倾向于认为使用这一策略能有效平复羞耻情绪，能维持对速算能力的自信，能有效降低对他人负性评价的担忧，并认为使用该策略总体上能更好帮助其调节情绪。在行为倾向指标的评定上，转换视角组在回避行为和对主试的喜好程度检验效应显著，在对测试的评价及自己是否愿意和主试完成数学任务的评价上效应边缘显著，表明转换视角组被试在使用该策略后更不倾向于对测验产生回避行为，更倾向于认为主试是友好的，更倾向于认为测验的设计是合理的，更倾向于愿意同主试完成数学任务，但并不肯定自己是否会出现弥补行为。

4）两种认知调节策略在调节有效性上的异同

使用 ANCOVA 考察两种策略在调节前后的四种情绪强度、调节有效性的指标和行为反应指标及心率指标上有效程度的差异。在四种情绪强度和心率的指标上，使用调节前后该指标的差值作为自变量（前测–后测）。在所有检验中，使用对调节策略的确信程度作为控制变量（见表2-34）。从表中可见，两种策略的主效应在羞耻情绪强度变化、生气情绪强度变化上显著，在弥补行为评定上边缘显著，表明两种策略选用组在调节前后羞耻情绪及生气情绪强度的变化值，以及对出现弥补行为可能性的评定上有显著差异。进一步检验发现，在羞耻强度和生气强度的变化上，转换视角组均显著高于自责组，表明使用转换视角策略的被试在调节后这两种情绪下降的程度更多。在弥补行为上，自责组的评定高于转换视角组，表明在使用情绪调节策略后，自责组的被试会更强烈地希望能作出弥补行为。

表2-34 两种认知调节策略在调节效果及行为倾向评价上的ANCOVA结果
（df =1,49）

变量	条件	N	m±s	Fm	pm	Fs	ps
羞耻强度变化	自责	25	0.16±1.28	5.446	0.024	2.811	0.100
	转换视角	25	0.76±0.93	/	/	/	/
生气强度变化	自责	25	−0.24±0.83	5.427	0.024	0.732	0.397
	转换视角	25	0.52±1.53	/	/	/	/
焦虑情绪变化	自责	25	0.48±1.08	1.141	0.291	3.791	0.058
	转换视角	25	0.68±1.60	/	/	/	/
伤心情绪变化	自责	25	0.28±0.74	1.134	0.252	0.838	0.365
	转换视角	25	0.52±1.05	/	/	/	/
羞耻平复	自责	25	3.56±1.04	1.406	0.242	0.118	0.733
	转换视角	25	3.88±0.93	/	/	/	/
能力自信	自责	25	3.60±0.96	0.359	0.552	0.091	0.756
	转换视角	25	3.76±1.13	/	/	/	/
他人印象	自责	25	3.12±1.10	1.595	0.213	0.003	0.959
	转换视角	25	3.48±0.82	/	/	/	/
整体调节效果	自责	25	3.80±0.96	0.595	0.444	0.009	0.924
	转换视角	25	3.56±1.19	/	/	/	/
弥补行为	自责	25	3.28±1.31	3.458	0.069	0.448	0.506
	转换视角	25	2.68±1.11	/	/	/	/

变量	条件	N	m±s	Fm	p_m	Fs	p_s
对测试评价	自责	25	3.16±0.94	0.747	0.392	0.233	0.632
	转换视角	25	3.36±0.91	/	/	/	/
回避行为	自责	25	1.84±1.07	0.171	0.681	1.159	0.287
	转换视角	25	2.04±0.79	/	/	/	/
对主试评价	自责	25	4.28±0.74	2.199	0.145	2.463	0.123
	转换视角	25	4.48±0.59	/	/	/	/
自我意愿	自责	25	3.32±0.90	0.269	0.606	0.182	0.672
	转换视角	25	3.44±1.12	/	/	/	/
平均心率	自责	25	−0.41±2.59	0.493	0.486	0.325	0.571
	转换视角	25	0.32±3.07	/	/	/	/
SDNN	自责	25	11.30±25.16	0.764	0.386	0.000	0.984
	转换视角	25	3.25±35.27	/	/	/	/
rMSDD	自责	25	15.09±35.62	1.29	0.262	0.013	0.911
	转换视角	25	−0.18±50.72	/	/	/	/
lf	自责	25	101.29±252.26	0.895	0.349	0.559	0.458
	转换视角	25	55.82±155.53	/	/	/	/
hf	自责	25	21.39±75.58	0.001	0.971	0.002	0.966
	转换视角	25	22.62±93.50	/	/	/	/
lf/hf	自责	25	0.23±4.93	0.343	0.561	0.431	0.515
	转换视角	25	0.85±5.46	/	/	/	/

注：N为样本量；m±s为平均值标±标准差；Fm = 主效应的F值；pm = 主效应的p值；Fb = 确信程度控制变量的效应值；pb = 确信程度控制变量的p值

5）回访的结果

（1）量化指标的结果。使用独立样本t检验考察两组被试在回访时报告的四种情绪强度及其他量化指标上的可能差异，见表2-35。结果发现，除了在回想次数上有边缘显著的差异外，在其他指标上均无显著差异。在回想次数上，自责组的回想次数有高于转换视角组的趋势。

表2-35 回访时两个实验组被试所做的量化评定结果

变量	条件	N	m±s	t	df	p
焦虑-回访时	自责	17	2.24±1.35	0.071	35	0.944
	转换视角	20	2.20±1.64	/	/	/
羞耻-回访时	自责	17	1.12±0.33	−0.069	35	0.945
	转换视角	20	1.40±0.94	/	/	/
生气-回访时	自责	17	1.41±0.71	0.021	35	0.983
	转换视角	20	1.40±0.82	/	/	/
伤心-回访时	自责	17	1.76±1.35	−1.380	35	0.176
	转换视角	20	1.35±0.88	/	/	/
实验影响	自责	17	3.00±1.37	1.167	35	0.251
	转换视角	20	2.50±1.24	/	/	/
回想次数	自责	17	2.59±2.29	1.747	35	0.089
	转换视角	20	1.55±1.24	/	/	/
提及次数	自责	17	1.12±1.31	0.721	35	0.476
	转换视角	20	0.85±0.93	/	/	/
重新评估速算能力	自责	17	0.49±1.15	−0.481	35	0.633
	转换视角	20	0.52±0.21	/	/	/

注：N为样本量；m±s为平均值±标准差；t为独立样本t检验的统计值；df为自由度；p为t检验的显著系数

使用Repeated Measure考察两组被试在测试前对自己速算能力的评估和得知失败结果时唤起的负性情绪与回访时其做的评估和回忆值之间的可能差异。结果发现，在对速算能力的评估上，回访与实验条件的交互作用不显著（$F_{(1, 35)}$ =1.008，p=0.322），回访的主效应显著（$F_{(1, 35)}$ =5.467，p=0.025），表明两个组在回访时对自己速算能力估算的百分位数都显著高于实验前的估算，即在回访时两组被试均降低了对自己的速算能力的估算。同

时使用相关样本 t 检验考察实验未唤起羞耻情绪体验的被试在实验前和回访中对自己速算能力的评估，发现前后无显著差异，表明这些被试对速算能力的估算并没有因实验而下降（$t_8=-1.166$，$p=0.271$）。

在对羞耻情绪的评估上，回访与实验条件的交互作用不显著（$F_{(1, 35)} = 0.130$，$p=0.720$），回访的主效应也不显著（$F_{(1, 35)} =1.301$，$p=0.262$）；在对生气情绪的评估上，回访与实验条件的交互作用不显著（$F_{(1, 35)} =0.448$，$p= 0.508$），回访的主效应也不显著（$F_{(1, 35)} =0.002$，$p=0.967$）；在对焦虑情绪的评估上，回访与实验条件的交互作用不显著（$F_{(1, 35)} =1.335$，$p=0.256$），回访的主效应也不显著（$F_{(1, 35)} =0.000$，$p=0.991$）；在对伤心情绪的评估上，回访与实验条件的交互作用不显著（$F_{(1, 35)} =0.420$，$p=0.521$），回访的主效应也不显著（$F_{(1, 35)} =2.203$，$p=0.147$），表明两组被试对四种情绪体验强度和其当时所做的评定并无显著差异。

（2）当时的想法和事后的想法及行为。对被试在回访中报告的看到负性评价结果时脑中的想法以及事后的想法及行为进行编码。

对于成功唤起羞耻情绪的37名被试而言，几乎所有的被试都报告了某种类型的自我负性认知评估。有35名（94.6%）被试对当时脑中想法的描述中包含自我指向的负性自我认知评估。（如"比较无奈，觉得自己不太好，有点慌张""怎么这么低，觉得自己没有这么聪明，水平比较低，有点焦虑，急躁不高兴""我很弱""想着我做出来得没有自己预想得那么好，觉得自己过于自信了，就是感觉有点丢脸"），有2人（5.4%）同时提到了他人指向的负性评价（如"当时觉得之前的预测是很准的，出现时仍有一点伤心和生气，觉得自己的能力不够好，尽管自己已经预料到了，但还是觉得实验员在场丢人"）。另有2人（5.4%）同时提到了和他人比较显得自己较差（如"觉得自己速算能力有点差，如果和专业相关则需要提高一下，如果用不到就无所谓了，觉得排名有些靠后，感觉自己相比别人差一些，有些小失落，但也没关系"），在没有提到任何自我负性认知评估类想法的被试中，一位表示"不记得自己当时想什么了"，一位报告的更类似于质疑结果的想法："觉得有些不可思议，觉得结果与预期不一样。觉得2分钟的等待时间（指的是等待评价出现的时间）很奇怪，不应该那么长"。

在这35名被试中，仅有11名（29.7%）被试只报告了自我负性认知评估类的想法，其中10名仅报告了自我指向的类型，1名同时报告了自我指向和他人指向的类型，另外24名被试均同时报告了可被归类为情绪调节的想法。在这些想法中，1人报告了希望掩饰的想法（如"我就怕丢脸，因为我知道开始的时候做的很糟糕，我就怕看见成绩，我已经预期到不好的结果，要正视它还是很紧张；就是觉得自己的速算能力不是很行，自信得到了摧残，一下子都缓不过神来。还有就是不想让人看见这个成绩"），6人的想法可归为转换视角的调节想法（如"觉得很糟糕，感觉遗憾，我应该，因为那天休息不太好，否则应该再好，按键按错，没有预先进行这些测试，从没有过这个体验，没有太大必要，生活中很少需要有这种情景"），7人的想法可归为质疑结果和测试系统（即责备他人）的想法（如"自己做得很烂，大家都比我做得好，当然也会想这个系统的评估有问题"，"抱怨系统时间太快了，觉得正确率太低了"，"感觉很不可能，太出乎意料了，不可能那么差；觉得不可思议，突然感觉自己的速算能力那么差，很意外，对自己有点怀疑"），6人的想法可被归为重新计划-自我改变的想法（如"觉得比想象得差一点，也没差多少，因为当时时间比较快，所以跟自己预期差一点。觉得自己需要增强自己的速算能力""就觉得反应能力太差，还有就是我觉得那样的速算练习多练习一下挺好的，自己没有预想的那么好"），1人的想法可被归为接受的想法（如"感觉不可能这么差，既然是这么差，也就接受这个结果，因为当时比较紧张"），有2人提到自己还联想到了自己其他的不足（如"比较紧张，尽管不重要，但还是觉得有些差，联想到其他事情，想到自己在准备的托福考试，自己太荒废，别人准备得都比较努力用功"）。还有1个被试所提到的想法可被归为不止一类的调节想法，除了自我指向和他人指向的负性认知评估为，还包括了重新计划和转换视角类的想法（如"觉得自己速算能力有点差，如果和专业相关则需要提高一下，如果用不到就无所谓了。觉得排名有些靠后，感觉自己相比别人差一些，有些小失落，但也没关系"）。

对于未唤起羞耻情绪的9名被试，有3人报告了自我指向的负性认知评估想法，但同时均报告了转换视角或/和质疑测试的想法（如"有点吃惊，结果不太好，但还有比自己更差的，是自己准备不够""第一反应怎么（自己成绩）搞得这么差，但觉得是实验设计的，或觉得结果也无所谓，有偶然性，结果和我的熟悉程度有关"）。有6人未报告任何自我负性认知评估类想法，其中4人报告了转换视角类想法（如"我觉得不代表什么，平时练得好，多练大家都可以算得快的，不能说明自己的水平""我觉得这只是一个测试，不是真实的情况"），2人报告了质疑测试的想法（如"觉得这是假的，觉得（结果）不好就不好吧"）。

在问及被试实验后的想法和行为表现时，在有效的37个被试中，报告比例（17/37）最高的是被试仍会想一想这个实验的意图和设计，觉得实验比较有意思，或进一步思考实验的目的（如"觉得挺有意思的，然后觉得自己的确比较容易受到外在评价的一些影响"）。有7名（5名转换视角组，2名自责组）被试仍会报告自我负性评估类的想法，认为实验还是反映了自己的水平不高（如"我觉得主要想个人的问题，应该多休息一段时间。回想时我还需要有很多东西要学，挺着急的，希望改善学习情况""就像实验员说得一样，结果不是那么真实，但也可能是真实的，但毕竟只是一个实验，虽然不至于丢脸，还是反映了速算水平不是很高。不过这对自己的生活没有影响，因为数学不是强项，毕竟不是自己专长"），甚至怀疑主试只是为了安慰自己才说这个实验结果不是真实的（如"骗人，他（主试）是为了安慰你；就是觉得说出自己的真实感受后，他只是在安慰。事后不想和别人说，因为觉得丢人。但是如果之后遇到速算的时候会激发自己对速算能力的不满，因为这个实验验证了自己对自己速算能力的怀疑和负面评价，如果遇到这种情况，一定会回忆起这个实验，并且会感到不太高兴，但也可能会激发自己去算得更快一些"）。

有6人（5人自责组，1人转换视角组）报告了类似重新计划-自我改变的想法（如"虽然说我也为自己找了一些理由，你（主试）的解释让我更确信这一点，确信了实验的目的。这不代表自己水平那么差，其实这个结果不能够真正反映水平；但我也想怎么吸取教训，如果碰到这个事情，怎么有技巧算的更好更快""觉得还需要专门训练一下自己的速算能力，回想起做测试的时候自己的手不协调，觉得自己可以做得更好"），其中1人（自责组）还出现了弥补行为（"想再做一次，还有就是自己没事时练习一下；回想起来时找一些数字自己练习一下，平时买东西的时候能力挺重要的，需要练习"）。

还有3名（2名转换视角组，1名自责组）被试会报告类似自我安慰和自我确证类的想法，即告诉自己水平不那么差（如"那个测试不一定能够反映自己的水平，对自己的能力不会产生怀疑。回想测试的时候我在想这个测试有没有反映我真实的能力，结论是并不能反映自己的能力，因为自己对自己已经很了解了"）。

4. 讨论

本研究考察了个体在评价性任务失败的条件下，使用自责和转换视角的认知情绪调节策略对羞耻情绪体验调节的短期和长期效果。本研究发现，转换视角策略在实验中评定的短期调节效果上总体上相对优于自责策略，但长期来看，两种策略的调节效果差异相对并不显著。此外，通过对回访中被试在得到负性评价当时的想法的分析发现，在被成功唤起羞耻情绪体验的被试中，几乎所有被试都具有某种类型的自我负性认知评估的想法，而且大部分的被试同时也报告了某种情绪调节的想法，从而再次重复了研究一的结论，即羞耻情绪体验是一种伴随个体较为积极的情绪调节努力的负性自我意识情绪。

1）两种认知情绪调节策略各自的调节效果及比较：短期的效应

对于转换视角策略而言，在短期的效果指标上均表现出较好的调节效果。在负性情绪强度指标上，使用该策略被发现能显著降低个体体验到的羞耻、焦虑和悲伤的情绪强度；在对自我认同的影响上，使用该策略被发现能降低事件对自己和他人眼中的自我认同的负性影响程度；在行为指标上，在使用该策略后更不倾向于出现回避行为和攻击他人的行为，但并不肯定自己是否会出现弥补行为；在生理指标上，使用该策略并未发现会影响心率和心率变异性指标。此外，对于实验未唤起其羞耻情绪体验的被试而言，回访中也发现，这些被试多在得到负性评价的当时就使用了转换视角的策略，这也证明了这一策略在降低负性情绪体验上的有效性。

对于自责策略而言，在即刻短期效果指标上的调节效果表现是混合的。在负性情绪强度指标上，使用该策略被发现能显著降低个体体验到的焦虑和悲伤的情绪强度，但无法降低羞耻的情绪强度；在对自我认同的影响上，使用该策略被发现能降低事件对自己眼中的自我认同的负性影响程度，但无法降低对他人负性评价的担忧；在行为指标上，使用该策略后个体均不肯定自己是否会出现弥补行为、回避行为和攻击行为；在生理指标上，使用该策略会显著降低 SDNN、rMSSD 和 lf 指标，表明使用该策略似乎能使得个体的副交感神经系统活动降低，或交感神经系统活动上升，即提示使用该策略的个体更多处于一种焦虑和紧张的状态。

进一步比较两种策略在不同情绪调节效果指标上的差异则发现，转换视角策略相比自责策略能更多降低个体体验到的羞耻和愤怒的强度，而自责策略相比转换视角策略能更多促使个体希望作出旨在提高自己速算水平的弥补行为。

本研究的这一结果再次较好地验证了转换视角作为一种认知重评类的策略在调节情绪唤起强度上的有效性，而且本研究的结果似乎提示，在情绪唤起的情境中，这种策略使用越早，越自发，则对调节情绪的效果越有效。而在自责策略上，并没有在所有指标上都发现其无法有效调节情绪体验，这可能是因为绝大多数自责策略组的被试作出的都是行为层面的自责，而非特质层面的自责。自从Janoff-Bulman（1979）提出了两种类型的自责，即特质和行为（Thompson et al.，2004）之后，后续研究者会认为相比做特质性的自责，做行为水平的自责可能会和更好的适应后果相关，因为行为水平的自责可能会增加个体所感受到的控制感，或增加个体感受到的意义感和公平感（Lutwak et al.，2004；Turner and Schallert，2001）。但分析研究发现，如果个体经历的事件过于严重，则行为水平的自责并不一定会带来更好的后果，但相比之下，特质性的自责则能够更稳定地预测糟糕的适应后果（Turner and Schallert，2001）。

2）两种认知情绪调节策略各自的调节效果及比较：长期的效应

本研究也通过在实验一周后对被试进行回访的方式，考察了两种策略在调节效果的长期指标上的效果。结果发现，在对当时四种情绪体验强度的回忆情况上，两组的回忆和当时的评定均无显著差异，均降低了对自己速算能力的估算，但使用自责策略的个体相对使用转换视角的个体在实验后的一周内会更多次地回想起实验。此外，在实验后的想法和行为表现上，相比之下自责组会有更高比例的被试出现了重新计划-自我改变的想法和弥补行为。

造成两种策略在长期调节效果的指标上差异并不明显的原因之一很可能是个体除了按照指导语做固定的调节策略外，还会自发地使用其他的认知情绪调节策略，包括转换视角、重新计划、责备他人、接受等。这在对被试得到负性评价当时出现的想法的分析中已有了很清晰地呈现。同时，相比自责策略，个体似乎更难在羞耻情绪体验下做转换视角策略，这表现在做这一策略的个体相比之下更不确信自己所写下的想法是真实的。此外，也有相对更高比例的个体尽管做了转换视角的策略，仍在实验后会使用自责策略。鉴于羞耻情绪是一种较为强烈的负性情绪体验，因而即便是在实验情境中唤起相对中低度的羞耻情绪，个体仍会花费较多努力，且常常使用不止一种策略来调节这种情绪体验，这也就使得从长期的指标来看，两种策略的差异变得不那么明显。另外一种可能性是，这种结果也从某种程度上反映出了转换视角策略作为一种防御型策略的性质。如果对比实验未唤起羞耻情绪的被试在回访中的一些结果，可以发现，这些被试并没有出现对自我能力评估下降的现象，这提示转换视角策略在情绪体验过程中使用的时机和自发程度很可能会影响其调节的效果。如果转换视角在羞耻情绪唤起的情境中更早且更自发地被使用，则更有可能成功地发挥其"防御功能"。但似乎在更多的情况下，一旦个体已经体验到了羞耻的情绪，再使用这种旨在防御情绪体验和情绪事件影响程度的策略就相对无法很好地实现其"防御"的效果了。

5. 研究结论

本研究所得到的主要结论如下。

（1）转换视角策略在短期效果指标上均表现能较好调节羞耻情绪体验，自责策略则有混合的结果。总体上转换视角策略的调节效果优于自责策略，且这种优势主要反映在对负性情绪强度的调节效果上。

（2）转换视角策略和自责策略在实验一周后测量的长期调节效果上差异相对不显著。

第3章 研究总讨论与研究结论

3.1 研究总讨论

本研究旨在考察中国成年人在特定羞耻情境下，对羞耻情绪所做的情绪调节过程，以及特定认知情绪调节策略在调节羞耻情绪体验上的效果。本研究通过使用三部分研究来尝试具体探讨三个主要的研究问题：①在特定羞耻情境下，个体在羞耻情绪体验会采用何种情绪调节策略，以及其一般情绪调节过程的图景。②在特定羞耻情境下，激发羞耻情绪的特定自我负性认知评估类型是否会对个体的认知调节策略选用造成影响。③在特定羞耻情境下，不同的认知情绪调节策略在调节羞耻情绪时所表现出的调节效果会有何异同。在具体探讨上述三个问题的基础上，本书首次为羞耻情绪体验和其情绪调节过程描绘出了一幅基于中国大学生人群的系统图景（见图3-1）。这一系统图景是符合情绪认知评价模型的（Folkman and Mos-kowitz，2004；Scherer，1999；Tangney，1999；Tracy and Robins，2007），在这一图景中，个体调节羞耻情绪的过程被视为一种有具体目标指向的动态认知评估过程。总讨论部分将重点讨论本研究得出的四个方面的重要发现：①羞耻情绪的情绪调节目标。②羞耻情绪的认知情绪调节策略种类。③羞耻情绪认知情绪调节策略选择的影响因素。④羞耻情绪的认知情绪调节策略的调节效果。最后，本书将在提出的总体模型基础上，探讨整个研究模型对相关领域的理论构建和临床实践的启示。

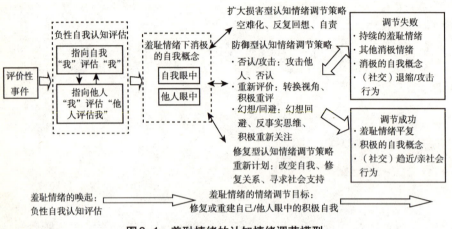

图3-1　羞耻情绪的认知情绪调节模型

3.1.1 羞耻的情绪调节过程目标：修复或重建自己及/或者他人眼中的积极自我

本书的第一个重要发现是明确提出了在中国大学生中羞耻情绪调节过程的目标。尽管不同的学者对情绪调节过程的界定有着不同的看法，但如果比对这些研究者的描述就可以发现，这些学者都或多或少地同意，情绪调节可以被视为一种目标指向的动态过程（Bradley，2000；Garber and Dodge，1991；Garnefski et al.，2001；Gross and Hansen，2000；Southam-Gerow and Kendall，2002），尽管个体可能无法清晰地意识到具体的情绪调节目标到底是什么。

Southam-Gerow 和 Kendall（2002）清晰地总结了情绪调节过程的这种目标指向的特点，即情绪调节是通过内在和外在过程对情绪反应所进行的有目的地调控、评估和修正。因此，如要更好地理解个体如何调节羞耻情绪体验，则需要理解个体最终希望达到的调节目标是什么。在这一点上，Vleit（2008）考察了个体从严重羞耻事件中恢复的过程，并就此作出了一个十分精巧的概括，即把这个过程描述为一种对自我的重塑，"个体重新恢复和拓展他们积极的自我概念，修复和增强他们和外界的联结，并且增进他们的力量和控制感"。而本书研究的结果则就此作了重新的阐释，即对于中国大学生而言，羞耻情绪调节过程的目标不仅是修复或重建或拓展自己眼中的积极自我，还包括修复、重建或拓展他人眼中的积极自我；不仅是增进自己的力量和控制感，还包括修复和增进自我在他人眼中的形象与地位，从而恢复甚至增进自己与他人的积极关系。

这一目标显然是和其他学者，尤其是中国学者对羞耻情绪功能的阐释完全一致的（Fessler，2007；Gilbert，2003，2007；Gruenewald et al.，2007；Tangney，1999；金耀基，1992；翟学伟，1995；朱芩楼，1972），而相比Vleit（2008）的概括，本书对羞耻情绪调节目标的阐释更鲜明地突出了羞耻情绪社会性的一面，这和中国文化背景下的自我构念和自我表征是以互依自我占主导密切相关的。对于具有这种自我结构的个体而言，亲密他人的表征和社会背景也会包含在个体的自我表征之内，成为界定自我的重要元素（Gross et al.，2000；Gross and Madson，1997；Markus and Kitayama，1991；Mesquita，2001），因而这种自我构念一方面使个体对他人的负性评价或违背外在规则的情境更为敏感；另一方面也更容易让个体采用他人的视角来评判自己。这种自我构念不仅让个体更容易体验到羞耻情绪，同样也影响到了他们调节这一情绪的目标。对于自我构念更具有互依自我特点的个体而言，体验到羞耻情绪意味着他人对自己不再有良好的印象，或自己在团体中的位置和地位有所下降（无论是真实的还是个体假想出来的），这和个体的自我发展目标"建立有意义的人际关系，并在人际关系中界定自己的位置"显然是相悖的，因而可能会促使个体更努力地参照外在的标准，以及他人的评价来修正自我。因此，羞耻情绪对他们而言就成为了一种更具动机性质的负性情绪，而且因其能很好地促进个体与团体规则保持一致，平息人与人之间外显的冲突，以致被整个文化和社会所推崇。

3.1.2 羞耻情绪的认知情绪调节的策略类别：防御、修复与扩大损伤型策略

尽管羞耻情绪作为一种促进社会化和调控人际行为的情绪而被中国文化及社会所接受乃至推崇，但毋庸置疑的是，对于每个个体而言，羞耻情绪都是一种十分痛苦的体验，也需个体花费相当的努力来调节这一情绪体验。本书研究的第二个主要发现是对羞耻情绪的一般情绪调节过程进行了概括，并根据羞耻情绪调节的目标对常见情绪调节策略，尤其是认知情绪调节策略进行了相应的归类（见图3-1）。

在中国文化中，尽管"知耻而后勇"是一种被广为接受和赞赏的态度和行动指南，但就像"无地自容"这四个词所描述的那样，由于羞耻情绪本身是对个体的自我认同和在他人眼中形象的一种强烈的攻击，因此本书研究发现，个体首先会通过各种不同的努力来试图防御这种攻击，或将这种攻击的力度尽量减少，或发起反攻，将这种攻击转向他人。而且似乎只有先通过种种防御的手段抵消了一部分的攻击，个体才能转向修复或重建积极自我的过程。在本书中，把这一从防御到修复的过程描述为一种类似跷跷板的运动：一头是防御羞耻事件对自我认同的破坏；一头是承认破坏已经造成，并着手修复自我认同的损伤。

本书对个体的这种防御与修复过程中能采取的策略进行了归纳和分类，这些策略包括了旨在让糟糕的行为或自我在自己及/或者他人眼中消失或隐身，从而减少攻击力度的幻想/回避类的防御型策略；旨在从认知上重新对羞耻事件进行评估以减少伤害程度的重新评价类防御型策略；旨在质疑攻击的合理性，甚至转而去攻击他人自我认同的否认/攻击类防御型策略；旨在计划或实际上通过向重要他人寻求安慰，期望得到他人认可和接

纳，从而修复伤害的间接修复型策略；以及旨在尝试规划未来修复自我的可能措施，或直接着手于重塑自己及/或者他人眼中的积极自我的直接修复型策略。个体常常会从防御那一头开始，然后在防御与修复之间摇摆，最终达到某种平衡的状态。除了防御型策略和修复型策略外，本书还总结了第三种类型的调节策略，即维系甚至扩大事件对自我损伤程度的策略，这类策略也是在前人研究中常被归类为消极的认知调节策略，包括自责、灾难化和反复回想。由于本书的研究群体是正常的大学生群体，因而无论是在第一部分的质性研究中还是之后的实验研究中，这类扩大型的调节策略都被发现是个体相对较少使用的策略。

如果这种平衡最终是以成功修复或重建积极的自我而告终的，那么经历羞耻经历的个体会对自我更为满意，也感到自己更有力量。这种个人的成长实际上可被理解为一种"创伤后的成长"。按照 Tedeschi 和 Calhoun（2004）的观点，创伤后成长指的是个体在应对严重生活应激过程中所产生的积极的心理变化，产生成长的关键是个体的认知结构因创伤性的事件而受到了威胁，而这些威胁使得认知结构在经历某些认知加工过程后出现了新的图示、目标和假设。从本书的结果来看，这一阐释是相当符合本研究所描绘的调节过程图景的。从这一视角出发，扩大型的情绪调节策略的使用也可被理解为个体在破坏有关自我认同的旧有的认知图示、目标和假设。有关创伤后成长的研究也发现，在有些情况下，和反复回想这一认知情绪调节策略十分相像的侵入症状的频率是和之后个体感受到的主观成长有一定正相关的（Tedeschi and Calhoun，2004）。

3.1.3 自我负性认知评估过程对认知情绪调节策略选用的影响：他人视角的双刃剑作用

本书的第三个重要发现是重点考察了诱发羞耻情绪体验的自我负性认知评估过程对认知情绪调节策略选用的影响。当今情绪调节领域的研究表明，情绪调节和情绪调节策略的选择是一个动态的过程，在这个过程中，个体会有意识和无意识地对其处境和资源，以及其之前调节努力的结果做动态评估，而这种评估还会受到个人特质因素的影响（Compas et al., 2001；Garber and Dodge，1991；Gross and Hansen，2000；Southam-Gerow and Kendall，2002）。综合本书的研究结果，可以尝试从"质"和"量"两个维度来描述自我负性认知评估过程对策略选择的影响。从"质"的角度来看，自我指向和他人指向的自我负性认知评估类型会促使个体采用不同的调节策略，自我指向的类型被发现会和扩大型的认知情绪调节策略的选择有关，例如，灾难化策略和自责策略。而他人指向的类型被发现既可以促使个体使用幻想/回避类的防御型策略，又可以促使个体使用直接修复型的策略，还可以促使个体使用反复回想这一扩大型策略。从"量"的角度来看，个体对自我负性认知评估的程度越高，则越可能会使用幻想/回避类的防御型策略和扩大型策略，甚至无法选择任何的认知情绪调节策略。在真实的情境下，由于两种负性认知评估类型往往同时存在，因此"质"和"量"这两个维度会交互影响个体对具体认知调节策略的选择。

在本研究中，一个重要的发现是，他人指向的自我负性认知评估类型似乎在认知策略的选用上扮演了某种双刃剑的角色。一方面，它似乎有一种额外的动机性作用，促使个体更积极地采用修复型的策略，积极规划未来改善自我或自我形象的途径，就像金耀基（1992）先生所概括的那样，道德性的羞耻激发个体的道德性自律，而社会性的羞耻情绪则能推动人积极向上。另一方面，它也意味着更大的攻击力度，促使个体采用幻想/回避型类的策略来防御羞耻事件给自我带来的损伤，包括计划掩饰失败或糟糕的行为，幻想能离开现场，或者转移注意力，让自己关注与羞耻事件无关的事情，甚至使用反复回想这一扩大型策略，即颠覆旧有的自我认同假设和图示。他人指向的自我负性认知评估所具有的这种破坏力也很清晰地在害怕他人负评价这一人格特质因素和特定调节策略选用的关系上得到了印证。在本研究中还发现，个体越是倾向于在评价性情境中担心他人对自己的负性评价，则越会在具体羞耻情境下倾向于采用诸如反复回想和灾难化的扩大型策略以及幻想/回避类的防御型策略。

3.1.4　特定认知情绪调节策略在调节羞耻情绪上的效果

本书第四个主要发现是归纳了羞耻情绪调节效果的一些衡量指标，以及探讨了特定认知调节策略在这些调节指标上的调节效果。据此本书得到了两个主要的结果。首先，调节效果是一个多维且有时间向度的概念。具体来说，主要总结了情绪层面、认知层面和行为层面的调节效果指标（图3-1）。本书也发现，在一个效果指标上有效并不意味着在另一个效果指标上也有良好的效果。例如，能迅速平复在事件中个体所体验到的包括羞耻在内的负性的情绪，并不一定意味着个体最终能在认知层面对整体自我及/或者自我的特定部分有积极的评价，并对自己调节的努力表示满意，反之亦然。有一位访谈对象十分生动地描述了自己平复主观羞耻情绪的过程，"狠狠一咬牙就过去了"，但羞耻事件对自我认同所造成的损伤却并非咬咬牙就能修复的，否则也就不会有"忍辱负重"的说法了。羞耻事件就像是一场地震，或多或少地毁坏了个体所建立的自我认同，尽管撤离现场能让人不再有震感，或暂时回避目睹损失，但却无法真正地消弭破坏。从这个意义上来讲，有效地调节羞耻情绪并不等价于平复羞耻情绪的主观体验。此外，能有效地降低对自我认同的损伤或修复自我认同的损伤，也并不完全等同于能有效地降低个体知觉到（或想象出的）他人对自我的负性评价或改善他人对自我的印象。有些时候，改变他人的印象是一件更困难的任务，而另一些时候，我们自己才是自己最严厉的评判者。

其次，本书发现，对于任何特定的认知情绪调节策略而言，其有效性都是相对的，没有一种策略在所有的情境下都是有效的，也没有一种策略在所有的调节有效性指标上都表现出全然有效或无效。这和以往情绪调节领域的研究所得出的结论是一致的（Compas et al.，2001；Garnefski et al.，2001；Gross and Hansen，2000）。总体而言，修复型的策略在调节效果上优于防御型的策略，防御型则优于扩大型；若具体到特定的认知情绪调节策略上，作为直接修复型策略的重新计划-改变自我策略，以及作为重新评价类防御型策略的转换视角类策略是相对有效的调节策略，这两种策略也是在以往理论中被视为更积极的认知策略（Garnefski et al.，2001）；而作为否认/攻击类策略的责备他人策略，以及作为扩大型的自责策略则是相对无效的调节策略，同样，这两种策略在以往理论中也被视为是更消极的调节策略（Garnefski et al.，2001）。尽管前两种策略相对更优，但相比之下，两者的在调节效果上的"优势"却并不相同，重新计划策略更能促进个体倾向于作出修复自我认同的弥补行为，而转换视角策略能更好地平复个体体验到的负性情绪。而对于自责和责备他人两种策略而言，它们的"劣势"也不尽相同：自责相对而言更无法平息个体体验到的负性情绪强度，而责备他人则似乎最无法降低事件对个体自我认同的伤害。此外，本书也发现，除了策略本身外，个体使用特定策略的时机、策略的内容及个体对策略的确信程度也会影响特定策略的调节效果。从某种意义上来说，认知调节策略是对个体在过去或现在处境的一种解释，或是对个体未来的一种规划，如果个体并不相信这种解释，或并不确信这种规划是否能实现，那么这种调节努力很可能就是一种徒劳了。

3.1.5 整合羞耻情绪的两面性：理论和临床实践上的启示

作为一个对羞耻情绪的情绪调节过程及调节策略的系统研究，本书的研究的结果，首先，为整合当今羞耻情绪研究领域中，在羞耻情绪的适应功能和病理作用的论述之间所存在的分野提供了一种可能的理论框架，即将羞耻情绪的两面性看作是情绪调节的不同结果，并在情绪、认知和行为层面总结出这一"一面双体"的具体表现（见图3-1）。在本书的研究的模型下，羞耻情绪的适应性功能是个体更有效地实现了调节羞耻情绪的目标，即在主观情绪体验方面个体感受到的羞耻情绪和其他相关的负性情绪（如内疚、焦虑、愤怒、悲伤等）得到缓解；在认知层面个体恢复对自己的积极或中性的评价，或甚至增进对自己的积极评价；在行为层面个体表现出亲社会的人际行为（如修复或增进人际关系）或趋近行为（如在某一能力领域持续投入努力）。与此相对的是，羞耻情绪的病理作用则可理解为是一种个体无法调节或调节失败的表现，即在主观情绪体验方面个体感受到的持续的羞耻情绪和其他相关的负性情绪；在认知层面个体对整体自我或自我的某一部分持续有负性的评价；在行为层面个体则会表现出攻击行为或回避/退缩行为（包括人际回避退缩和非人际领域的回避及退缩行为）。而羞耻情绪的调节失败则可能会有如下两种情况：①羞耻情绪的主观体验过于强烈，或换而言之，是个体的自我负性评估的程度过于严重，从而让个体无法主动采用任何策略对这一体验加以调节，并处于一种持续的自我受损和无望的情绪状态中。羞耻事件本身的严重程度，或者个人的某些可能会加剧负性自我认知评估程度的特质都可能会造成这一状况。②个体虽采用了特定的调节策略，但调节的努力以失败告终。这可能是因为个体采用了相对无效的调节策略，或在短期内有效但长远看来去无助于修复自我损伤的策略，例如，扩大型策略、幻想/回避类策略或否认/攻击类的策略。但即便个体采用了相对有效的调节策略，例如，间接修复或直接修复型的策略，也可能因为调节目标并不现实，或调节过程中其他的情境因素的作用而失败。

其次，本书通过实证研究的结果也为羞耻情绪如何促进个体的自我分化和社会化过程提供了一种认知评估模型下的解释。采用他人的视角去判断自己的行为表现或整个自我是羞耻情绪之所以能促进个体的自我分化和社会化过程的重要认知过程。因为在这种羞耻情绪体验的自我认知评估类型中，相比自我指向的评估类型，存在两种而非一种"差异"的认知：其一是记忆中的自我表征与当下知觉到的自我表征之间的差异，这种不一致是自我指向的评估类型中同样具有的；其二则是"自我"和"他者"之间的差异，这是他人指向的评估类型所独有的。这两种差异既能让个体知觉到自己与重要他人/团体是互相分离的，又能促使个体去缩小这种差异，向重要他人/团体趋同。但就像所有的硬币都有两面一样，过度采用他人的视角去评判自己的行为表现或自我最终会阻碍个体的自我分化和社会化的过程，因为完全向重要他人/团体趋同的结果是自我与他人的融合和共生；而另一方面，如果个体有强烈的愿望来缩小这种差异，但实际上却无法做到，那么一种"一劳永逸"的解决办法便是社交退缩，这一撤回个人世界之中的举动显然是和社会化过程背道而驰的。

本书的另一理论贡献是对当今情绪调节领域的研究提供了一种情绪特异性的模型。以往情绪调节理论模型都是非情绪特异性的，并不区分不同情绪之间在情绪调节上的差异，而本研究则通过较为系统的研究，阐释了以动态认知评估为核心的羞耻情绪的情绪调节过程。本研究表明，对于特定的情绪而言，其情绪调节过程中的特异性主要表现在以下4个方面：①是情绪调节目标的特异性。②是特定情绪调节策略出现频率的特异性。③是特定情绪调节策略具体内容上的特异性。④是特定情绪调节策略在其调节效果上的特异性，而后三个特异性其实是和情绪调节目标上的特异性密切有关的。

最后，本书的结果也会对在临床实践中，如何帮助个体有效地调节羞耻情绪提供三点启示：①是在识别潜在的羞耻情绪上，除了个体对自己的负性评价外，个体会预期他人对自己的负性评价，尤其是重要他人的负性评价是提示个体会体验到羞耻情绪的重要线索。这种他人指向的负性自我认知评估在很多情况下都有着个体想象和夸大的成分，但也往往是这种人为自己会被重要他人所鄙夷、排斥甚至抛弃的预期让个体更难以向任何人寻求帮助。②是临床工作者需要正常化羞耻情绪体验，强调它功能性的一面，并认可个体体验到羞耻情绪本身反应的是个体在试图去完善自我，努力与他人建立更积极的关系。这可以减少个体为自己的羞耻情绪而感到羞耻的可能性，而且这种确证个体的负性情绪体验是正常和合理的方式，实际上也是在增强个体的自我力量。③是在帮助个体更有效地调节羞耻情绪体验上，临床工作者可以参考从防御伤害到修复损伤之间不断寻找平衡的这一调节过程，而且建议从适当地帮助个体使用防御型的策略开始，尤其是重新评价类的策略，或更主动的幻想/回避类的策略（如积极重新关注），这对于经历严重羞耻事件的个体来说是尤为重要的；与此同时还需要积极地和来访者探索其自我中有力量和资源的部分，并主动拓展这些正性的自我概念。只有当个体感觉到自我的损伤并非严重到不可修复，才可能会去考虑修复自我这一艰难的工程。同时，临床工作者应该意识到，修复自我的过程对于个体而言也是一种冒险，过高的预期和目标、错误的倾诉对象、不具足够操作性的计划都会使得修复过程变成不可能完成的任务，从而变成又一个羞耻事件。

3.1.6 创新性和意义

本书系统地考察了羞耻情绪的情绪调节过程和认知情绪调节策略的调节效果，并尝试建立一个系统的认知情绪调节模型，明确了羞耻情绪的情绪调节目标、一般的认知情绪调节策略及其调节效果指标，就选题和研究发现而言均具有相当高的原创性。同时，本书在方法学的组合上也有一定的创新性，尽量采用多样的研究方法，一方面使得研究结果更为丰满；另一方面确保研究结果的可靠和稳定。这包括使用质性研究和量化研究的基本研究方法，从"质"和"量"两个不同的角度对研究主题进行考察，从"质"的角度提出量化研究的框架和具体操作的实验变量，又从"量"的角度去证实和深化质性研究的阐述。这也包括分别采用情境实验法和实验室任务法作为诱发羞耻情绪的不同方式，对相同的研究主题进行研究，利用两种研究范式的优势，互相补充、互相验证。

本书研究的结果还在以下六个方面对相关研究领域的理论提供了重要的补充和拓展：第一，本书从情绪调节的视角对羞耻情绪体验的现象学特征进行了阐述，极大丰富了羞耻情绪体验的现象学图景；第二，本书进一步澄清了两种自我负性认知评估类型在激发羞耻情绪体验中的作用，从而为中国和西方研究中在这一研究主题上存在的研究结果上的差异提供了重要的理论解释和研究证据；第三，描绘了在中国大学生人群中羞耻情绪调节过程的情绪调节目标和一般的调节过程，填补了整个羞耻情绪研究领域的空白；第四，为羞耻情绪在中国文化背景下的功能，尤其是对个体自我分化和社会化过程的作用提供了一种认知评估模型下的理论阐释；第五，对当今情绪调节领域的研究提供了一种较为完整的情绪特异性的情绪调节模型；第六，从情绪调节的视角出发，为整合羞耻情绪的适应性功能和病理作用提供了一种有效的理论视角和重要的实证研究证据。

就应用价值而言，本书对临床工作者在其实践中如何更好地识别来访者的羞耻情绪，并更有效地帮助来访者调节羞耻情绪提供了有益的参考和建议。

3.1.7 研究的不足

本书研究的不足主要表现在以下几方面。

首先，研究对象的取样上。本研究的研究对象是健康的大学生群体，这一研究群体具有年龄分布集中、教育水平高、社会经济地位相对较好的特点，因而无论从他们提供的羞耻经历还是在羞耻情境实验中的表现，都无法很好地反映出羞耻情绪调节过程中更带有病理性质的一面。从这个角度来说，本研究对于羞耻情绪调节过程的描述是一幅更为积极的图景。

其次，因为实验范式的限制。本书研究在两个实验研究部分选择的具体羞耻情境都是个人无能类型的羞耻情境。从以往的研究成果和本书的研究中可以发现，羞耻情境的不同类型会对诱发羞耻情绪体验的自我负性认知评估过程，以及羞耻情绪的情绪调节过程造成一定的影响，尽管这种影响并不足以造成质的区别。但不可否认的是，这种具体情境的选择或多或少会对研究的具体结果造成一定的影响。

再次，由于羞耻情绪的情绪调节过程实际上是一个复杂的连续过程，本书为了更清楚地考察情绪调节过程，以及更好地操纵实验条件，某种程度上人为地将唤起羞耻情绪的自我负性认知评估过程和情绪唤起后的认知情绪调节过程做了某种区分，但实际在个体的体验中，这两个过程可能并没有太清晰的时间分界。另外，个体不仅会使用多种不同的调节策略，而且这种多策略混合使用的过程往往是相当短暂的，这一点在本研究第二章的研究二中有了很好的体现。尽管本书尝试实验研究尽量控制在严密的实验室条件下，让个体使用特定的认知调节策略考察并比对其调节的效果，但仍然无法完全保证所获得的实验结果仅仅是使用单一认知调节策略的结果。

最后，因为本书研究所选用的实验范式的一些限制，并没有选择考察在以往研究中被认为更具消极意义的两种认知情绪调节策略——灾难化和反复回想。此外，本书也没有着重考察特质羞耻和性别对羞耻情绪调节过程的影响。这些本书所没有涉及的研究主题是今后进一步研究的可能方向。

3.1.8 对未来研究的展望

未来在羞耻情绪的情绪调节领域的研究，可以从如下四个研究主题入手。

（1）考察在其他类型的羞耻情境中，羞耻情绪的情绪调节过程及调节策略的有效性。这包括违背道德的羞耻情境、替代性羞耻的情境，以及个体被羞辱的羞耻情境，尤其是个体被羞辱的羞耻情境，这种情境实际上是一种人为的创伤情境，因而对这种情境下个体的羞耻体验及其调节过程的探讨会有助于理解在这种类型的创伤中，个体的反应和应对的努力。

（2）考察其他在理论上重要的认知情绪调节策略。例如，反复回想、接受等策略，以及行为情绪调节策略，以及情绪反应抑制和情绪宣泄调节策略在羞耻情绪调节有效性上的异同。

（3）在被认为和羞耻情绪有关的心理病理症状或障碍的临床或亚临床样本中考察羞耻情绪的情绪调节过程，比较其和正常人群之间可能存在的差异，从而更明确羞耻情绪在特定心理病理症状或障碍中的病理作用，并为临床工作者使用更有针对性的临床干预方式提供参考。

（4）比较不同文化背景下，或具有不同自我构念特点的个体在激发羞耻情绪体验的自我认知评估过程以及情绪调节过程上的异同。

3.2 研究结论

本书通过三部分的研究，在考察中国大学生对羞耻情绪的认知情绪调节过程及认知情绪调节策略的调节有效性的问题上，总体得出了以下结论。

（1）在羞耻情绪体验的现象学特征上，羞耻情绪是一种伴随复杂的认知评估过程和调节努力的负性自我意识情绪。

（2）自我负性认知评估是诱发羞耻情绪的核心认知评估过程，并表现为两种类型：一是自我指向的负性自我认知评估，即个体给予自己负性的评价；二是他人指向的负性认知评估，即个体从他人的视角给予自己负性的评价。在个人无能的羞耻事件中，前者是更为基本的一种负性认知评估。

（3）个体调节羞耻情绪体验的最终目标是恢复或重塑在自己及/或者他人眼中的积极的自我认同。这种情绪调节的努力可被视为在防御对自我认同的攻击和修复及重建自我认同的损伤这两极之间寻求平衡的过程。在这一防御到修复的连续体上，具体的调节策略可分为否认/攻击类防御型策略、重新评价类防御型策略、幻想/回避类防御型策略、间接修复型策略和直接修复型策略。个体会交替使用不同策略，但使用防御型策略的比例要高于修复型策略。

（4）个体对羞耻情绪调节策略的选择可被视为对诱发事件做动态认知评估的过程，自我负性认知评估过程以，及归因过程都会影响个体调节策略的选用。在个人无能的羞耻情境下，自我指向的自我负性认知评估程度更多和能维持或扩大羞耻事件严重程度的某些消极认知策略的选用有关；他人指向的自我负性认知评估程度既会和某些防御型及修复型认知策略的选用有关，又和能维持或扩大羞耻事件严重程度的某些消极认知策略的选用有关。

（5）重新计划（直接修复型策略）和转换视角策略（重新评价类防御型策略）在平复负性情绪强度、对自我认同影响程度及行为后果指标上均表现出能相对较为有效地调节羞耻情绪体验，而自责和责备他人策略（否认/攻击类防御型策略）在评估负性情绪强度和自我认同影响的指标上表现出较差的调节效果。但在不同调节效果指标上，四种认知调节策略的差异有所不同。相比之下，重新计划策略最能促使个体出现更富建设性的弥补行为倾向；转换视角策略能更好降低负性情绪的强度；而责备他人策略最无法降低事件对自我认同的破坏程度。

（6）进一步考察并比较转换视角策略和自责策略在平复负性情绪强度、降低对自我认同损害程度、行为后果、生理指标和记忆指标上的调节效果。发现转换视角策略的短期效果指标上均表现出能较好地调节羞耻情绪体验，自责策略则有混合的结果。总体上转换视角策略的调节效果优于自责策略，且这种优势主要反映在对负性情绪强度的调节效果上。但两种策略在长期的调节效果指标上的差异相对不显著。

参考文献

曹慧,关梅林,张建新.2007.青少年暴力犯的情绪调节方式[J].中国临床心理学杂志,15(5):539-542.

董会芹.2007.3—5岁儿童同伴侵害的一般特点及其与应对策略的关系[D].济南:山东师范大学.

侯瑞鹤,俞国良.2007.情绪调节理论:心理健康角度的考察[J].心理科学进展,14(3):375-381.

侯玉波.2002.社会心理学[M].北京:北京大学出版社.

高隽.2005.羞耻情境下的情绪评定、归因和反事实思维[D].北京:北京大学.

高隽,钱铭怡.2009.羞耻情绪的两面性:功能与病理作用[J].中国心理卫生杂志,23(6):451-456.

格里格,津巴多(2003).心理学与生活:第16版.王垒,王甦等译.北京:人民邮电出版社.

金耀基.1992.面,耻与中国人行为之分析[M]//中国社会与文化.牛津:牛津大学出版社:41-63.

李波,钱铭怡,马长燕.2006.从羞耻感角度对社交焦虑大学生的团体干预[J].中国心理卫生杂志,20(5):348-349.

李波,钱铭怡,钟杰.2005.大学生社交焦虑的羞耻感等因素影响模型[J].中国临床心理学杂志,19(5):304-306.

李波,钟杰,钱铭怡.2003.大学生社交焦虑易感性的回归分析[J].中国心理卫生杂志,

17(2):109-112.

 李梅,卢家楣.2005.不同人际关系群体情绪调节方式的比较[J].心理学报,37(4):517-523.

 李梅,卢家楣.2007.不同情绪调节方式对记忆的影响[J].心理学报,39(6):1084-1092.

 刘启刚,李飞.2007a.大学生认知情绪调节策略对抑郁和焦虑的影响[J].中国健康心理学杂志,15(7):604-605.

 刘启刚,李飞.2007b.认知情绪调节策略在大学生生活事件和生活满意度的中介作用[J].中国临床心理学杂志,15(4):397-398.

 陆芳,陈国鹏.2007.学龄前儿童情绪调节策略的发展研究[J].心理科学,30(5):1201-1205.

 马弘.1999.害怕负评价量表[J].中国心理卫生杂志增刊,228-230.

 钱铭怡,Andrews B,朱荣春等.2000.大学生羞耻量表的修订[J].中国心理卫生杂志,14(4):217-221.

 钱铭怡,黄学军,肖广兰.1999.羞耻感与父母教养方式、自尊、成就动机、心理控制源的相关研究[J].中国临床心理学杂志,7(3):147-149.

 钱铭怡,戚健俐.2002.大学生羞耻和内疚差异的对比研究[J].心理学报,34(6):626-633.

 钱铭怡,刘嘉,张哲宇.2003.羞耻易感性差异及对羞耻的应付[J].心理学报,35(3):387-392.

 钱铭怡,刘兴华,朱荣春.2001.大学生羞耻感的现象学研究[J].中国心理卫生杂志,15(2):73-75.

 谢波.1998.中国大学生的内疚和羞耻的差异[D].北京:北京大学.

 谢波,钱铭怡.2000.中国大学生羞耻和内疚之现象学差异[J].心理学报,32(1),105-109.

 王力,柳恒超,李中权等.2006.情绪调节问卷中文版的信效度研究[J].中国健康心理学杂志,15(6):503-505.

 汪向东,王希林,马弘.1999.状态——特质焦虑问卷[J].中国心理卫生杂志(增刊),

238-241.

汪向东,王希林,马弘.1999.自尊量表[J].中国心理卫生杂志(增刊),318-320.

汪智艳,张黎黎,高隽等.2009.中美大学生羞耻体验的异同[J].中国心理卫生杂志,23(2):127-132.

翟学伟.1995.中国人的脸面观[M]:社会心理学的一项本土研究.台北:桂冠出版社.

张复生,闫晓霞.2000.心率变异性研究发展概况[J].心脏杂志(2).

张林.2006.自尊结构与机能的理论探析[J].西北师大学报(社会科学版),43(1):95-99.

张黎黎.2008.大学生自我认知与羞耻感的关系及干预研究[D].北京:北京大学.

张向葵,田录梅.2005.自尊对失败后抑郁、焦虑反应的缓冲效应[M].心理学报,37(2):240-245.

朱芩楼.1972.从社会与个人与文化的关系论中国人性格的耻感取向[M].见中国人的性格.台北:中央研究院民族研究所:65-126.

朱熊兆,罗伏生,姚树桥等.2007.认知情绪调节问卷中文版的信效度研究[J].中国临床心理学杂志,15(2):121-125.

钟运健,吴纪饶,郑松波.2004.心率变异性在健康人群及其在体育运动中应用的研究概况[J].四川体育科学(2):47-49.

Allison M. 2000. Shame, guilt, and the belief in the legitimacy of aggression in aggressive adolescent girls[J]. Dissertation Abstract International:Section B:The Science and Engineering, 61(3-B):1622.

Andrews B, Mingyi Q, Valentine J D. 2002. Pridicting depressive symptoms with a new measure of shame:The experience of shame scale[J]. British Journal of Clinical Psychology,41:29-42.

Anolli L, Pasucci P. 2005. Guilt and guilt-proneness, shame and shame-proneness in Indian and Italian young adults[J]. Personality and Individual Differences,39:763-773.

Argembeau A D, Linden, M V D. 2006. Individual differences in the phenomenology of mental time travel:the effect of vivid visual imagery and emotion regulation strategies[J]. Consciousness and Cognition,15:342-350.

Ashby J S, Rice K G, Martin J L. 2006. Perfectionism, shame and depressive symptoms[J]. Journal of Counseling and Development, 84(2):148–156.

Auerbach R P, Abela J R Z, Ho M-H R. 2007. Responding to symptoms of depression and anxiety: emotion regulation, neuroticism, and engagement in risky behaviors [J]. Behaviour Research and Therapy, 45:2182–2191.

Austin M A, Riniolo T C, Porges S W. 2007. Borderline personality disorder and emotion regulation:insights from the polyvagal theory[J]. Brain and Cognition, 65:69–76.

Bagozzi R P, Verbeke W, Gavino J C. 2003. Culture moderates the self-regulation of shame and its effects on performance:the case of salespersons in the netherlands[J]. Journal of Applied Psychology, 88(2):219–233.

Baker J P, Berenbaum H. 2007. Emotional approach and problem-focused coping: A comparsion of potentially adaptive stratgies[J]. Cognition and Emotion, 21(1):95–118.

Birchwood M, Trower P, Brunet K, et al. 2006. Social anxiety and the shame of psychosis: a study in first episode psychosis[J]. Behavior Research and Therapy, 45:1025–1037.

Blanchard-Fields F, Stein R, Watson T L. 2004. Age dfferences in emotion-regulation strategies in handling everyday problems[J]. The Journals of Gerontology, 59b(6):261–270.

Bosson J K, Prewitt-Freilino J L. 2007. Overvalued and ashamed: considering the roles of self-esteem and self-conscious emotions in convert narcissism [M]//Robins R W, Tangney J P. The Self-Conscious Emotions. New York:The Guilford Press:407–425.

Bradley S J. 2000. Affect regulation and the development of psychopathology [M]. New York:The Guilford Press.

Breugelmans S M, Poortinga Y H. 2006. Emotion without a word: Shame and guilt among Raramuri Indians and rural Javanese[J]. Journal of Personality and Social Psychology, 91(6): 1111–1122.

Bridges L J, Denham S A, Ganiban J M. 2004. Definitional issues in emotion regulation research[J]. child development, 75(2):340–345.

BrownMZ, et al. 2009. Shame as a Prospective Predictor of Self-Inflicted Injury in Borderline Personality Disorder: A Multi-modal Analysis [J]. Behaviour Research and Therapy, doi:

10.1016/j.brat.2009.06.008.

Broucek F J. 1981. Shame and its relationship to early narcissistic developments[J]. Int. J. Psycho-Anal, (63): 369–378.

Budden A. 2009. The role of shame in posttraumatic stress disorder: A proposal for a socio-emotional model for DSM-V[J]. Social Science & Medicine, 69: 1032–1039.

Cole P M, Martin S E, Dennis T A. 2004. Emotion regulation as a scientific construct: Methodological challenges and directions for child develpment research[J]. Child Development, 75 (2): 317–333.

Compas B E, Connor-Smith J K, Saltzman H. 2001. Coping with stress during childhood and adolescence: problems, progress and potential in theory and research[J]. Psychological Bulletin, 127(1): 87–127.

d'Acremont M, Linden M V d. 2007. How is impulsivity related to depression in adolescence? Evidence from a French validation of the cognitive emotion regulation questionnaire [J]. Journal of Adolescence, 30: 271–281.

del Rosario P M, White R M. 2006. The Internalized Shame Scale: Temporal stability, internal consistency, and principal components analysis [J]. Personality and Idividual Differences, 41: 95–103.

Draghi-Lorenz R. 2001. Rethinking the development of "nonbasic" emotions: a critical review of existing theories[J]. Developmental Review, 21: 263–304.

Edelstein R S, Shaver P R. 2007. A cross-cultural examination of lexical studies of self-conscious emotions //Tracy J L, Robins R W, Tangney J P. The self-conscious emotions: Theory and Research[J]. New York: The Guilford Press: 194–208.

Elison J, Lennon R, Pulos S. 2006. Investigating the compass of shame: the development of the compass of shame scale[J]. Social Behavior and Personality, 34(3): 221–238.

Feldner M T, Zvolensky M J, Leen-Feldner E W. 2004. A critical review of the empirical literature on coping and panic disorder[J]. Clinical Psychology Review, 24: 123–148.

Fessler D M T. 2007. From appeasement to conformity: evolutionary and cultural perspectives on shame, competition and cooperation[J] //Tracy J L, Robins R W, Tangney J P. The Self-

Conscious Emotions. New York: The Guilford Press: 174–193.

Fischer A H, Manstead A S R, Mosquera P M R. 1999. The role of honour-related vs. individualistic values in conceptualising pride, shame and anger: Spanish and Dutch cultrual prototypes[J]. Cognition and Emotion, 13: 149–179.

Folkman S, Moskowitz JT. 2004. Coping: pitfalls and promise[J]. Annual Review of Psychology, 55: 754–774.

Frank H, HarveyOJ, Verdun K. 2000. American responses to five categories of shame in Chinese culture: A preliminary cross-cultural construct validation[J]. Personality and Individual Differences, 28: 887–896.

Frijda N H. 2005. Emotion experience[J]. Cognition and Emotion, 19(4): 473–479.

Garber J, Dodge K A. 1991. The development of emotion regulation and dysregulation[J]. Cambridge: Cambridge University Press.

Garnefski N, Kraaij V. 2006. Cognitive emotion regulation questionnaire-development of a short 18-item version (CERQ-short)[J]. Personality and Individual Differences, 41: 1045–1053.

Garnefski N, Kraaij V. 2006 Relationships between cognitive emotion regulation strategies and depressive symptoms: a comparative study of five specific samples[J]. Personality and Individual Differences, 40: 1659–1669.

Garnefski N, Kraaij V, Etten M V. 2005. Specificity of relations between adolescents' cognitive emotion regulation strategies and internalizing and externalizing psychopathology[J]. Journal of Adolescence, 28: 619–631.

Garnefski N, Kraaij V, Spinhoven P. 2001. Negative life events, cognitive emotion regulation and emotional problems[J]. Personality and Individual Differences, 30: 1311–1327.

Garnefski N, Teerds J, Kraaij V, et al. 2004. Cognitive emotion regulation strategies and depressive symptoms: differences between males and females[J]. Personality and Individual Differences, 36: 267–276.

Gross S E, Bacon P L, Morris M L. 2000. The relational-interdependent self-construal and relationships[J]. Journal of Personality and Social Psychology, 78(4): 791–808.

Gross S E, Gore J S, Morris M L. 2003. The relational-interdependent self-construal, self-concept consistency, and well-being[J]. Journal of Personality and Social Psychology, 85(5): 933-944.

Gross S E, Madson L. 1997. Models of the self: Self-coustruals and gender[J]. Psychological Bulletin, 122(1):5-37.

Gilbert P. 2003. Evolution, social roles, and the differences in shame and guilt[J]. Social Research, 70(4):1205-1230.

Gilbert P. 2007. The evolution of shame as a marker for relationship security: A biopsychosocial approach[M] //Tracy J L, Robins R W, Tangney J P. The self-conscious emotions: Theory and Research. New York: The Guilford Press: 283-309.

Goldin P R, Ramel K M W, Gross J J. 2007. The neural bases of emotion regulation: reappraisal and suppression of Negative Emotion[J]. Biol Psychiatry, 63(6):577-586.

Gross C A, Hansen N E. 2000. Clarifying the experience of shame: the role of attachment style, gender, and investment in relatedness[J]. Personality and Individual Difference, 28:897-907.

Gross J J. 2002. Emotion regulation: Affect, cognitive and social consequences[J]. Psychophysiology, 39:281-291.

Gross J J, John O P. 2003. Individual differences in two emotion regulation processes: implications for affect, relationships and well-being[J]. Journal of Personality and Social Psychology, 85(2):348-362.

Gruenewald T L, Dickerson S S, Kemeny M E. 2007. A social function for self-conscious emotions: The social self preservation theory[M] //Tracy J L, Robins R W, Tangney J P. The self-conscious emotions: Theory and Research. New York: The Guilford Press: 68-90.

Gruenewald T L, Kemeny M E, Aziz N. 2006. Subjective social status moderates cortisol responses to social threat[J]. Brain, Behavior, and Immunity, (20):410-419.

Harder D H, Zalma A. 1990. Two promising shame and guilt scales: a constuct validty comparison[J]. Journal of Personality Assessment, 55(3):729-745.

Hayaki J, Friedman M A, Brownell K D. 2002. Shame and severity of bulimic symptoms[J]. Eating Behaviors, 3:73-83.

Heaven P C L, Ciarrochi J, Leeson P. 2009. The longitudinal links between shame and increasing hostility during adolescence[J]. Personality and Idividual Differences, (47): 841–844.

Henderson L. 2002. Fearfulness predicts self-blame and shame in shyness[J]. Personality and Individual Differences, 32: 79–93.

Irons C, Gilbert P. 2005. Evolved mechanisms in adolescent anxiety and depression symptoms: the role of the attachment and social rank systems[J]. Journal of Adolescence, 28: 325–341.

Kashdan T B, Elhai J D, Breen W E. 2007. Social anxiety and disinhibition: an analysis of curiosity and social rank appraisals, approach-avoidance conflicts, and disruptive risk-taking behavior[J]. Journal of Anxiety Disorder.

Kashdan T B, Volkmann J R, Breen W E, et al. 2007. Social anxiety and romantic relationships: The costs and benefits of negative emotion expression are context-dependent[J]. Journal of Anxiety Disorder, 21: 475–492.

Lande M, Wennerblom B, Tygesen H, et al. 2004. Heart rate variability in premenstrual dysphoric disorder[J]. Psychoneuroendocrinology, (29), 733–740.

LiJ, Wang L, FischerKW. 2004. The organization of Chinese shame concepts[J]. Cognition and Emotion, 18(6), 767–797.

Lansky M R. 1995. Shame and the scope of psychoanalytic understanding[J]. The American Behavioral Scientist, 38(8): 1076–1090.

Lee D A, Scragg P, Turner S. 2001. The role of shame and guilt in traumatic events: a clinical model of shame-based and guilt-based PTSD[J]. British Journal of Medical Psychology, 74: 451–466.

Leeming D, Boyle M. 2004. Shame as a social phenomenon: a critical analysis of the concept of dispositional shame[J]. Psychology and Psychotherapy: Theory, Research and Pratice, 77: 375–396.

Levin S. 1971. The psychoanalysis of shame[J]. Intemational Joumal of Psycho-analysis, 52: 355–362.

Levitt J T, Brown T A, et al. 2004. The effects of acceptance versus suppression of emotion on subjective and psychophysiological response to carbon dioxide challenge in patients with panic disorder[J]. Behavior Therapy, 35:747–766.

Lewis H B. 1971. Shame and guilt in neurosis[M]. New York: International Universities Press.

Lewis M. 1999. The role of the self in cognition and emotions[M]//Dalgleish T, Power M. Handbook of Cognition and Emotion. Chichester: John Wiley & Sons:125–144.

Lewis M. 2003. The role of the self in shame[J]. Social Research, 70(4):1181–1194.

Lewis M. 2007. Self-Conscious emotional development[M]//Tracy J L, Robins R W, Tangney J P. The self-conscious emotions. New York: The Guilford Press:134–152.

Lutwak N, Ferrari J R. 1996. Moral affect and cognitive processes: differentiating shame from guilt among men and women[J]. Personality and Individual Differences, 21(6):891–896.

Lutwak N, Panish J, Ferrari J. 2003. Shame and guilt: Characterological vs. behavioral self-blame and their relationship to fear of intimacy[J]. Personality and Individual Difference, 35:909–916.

Luyten P, Fontaine J R J, Corveleyn J. 2002. Does the test of self-conscious affect(TOSCA) measure maladaptive aspects of guilt and adaptive aspects of shame? An empirical investigation[J]. Personality and Individual Difference, 33:1373–1387.

Markham A, Thompson T, Bowling A. 2005. Determinants of body-image shame[J]. Personality and Ididual Differences, 38:1529–1541.

Markus H, Kitayama S. 1991. Culture and the self: implications for cognition, emotion and motivation[J]. Psychological Review, 98:224–253.

Martin R C, Dahlen E R. 2005. Cognitive emotion regulation in the prediction of depression, anxiety, stress, and anger[J]. Personality and Individual Differences, 39:1249–1260.

Mauss I B, Cook C L, Cheng J Y J, et al. 2007. Individual differences in cognitive reappraisal: experiential and physiological responses to an anger provocation[J]. International Journal of Psychophysiology, 66:116–124.

Mauss I B, Cook C L, Gross J J. 2007. Automatic emotion regulation during anger provocation[J]. Journal of Experimental Social Psychology,43:689-711.

McLaughlin K A,Mennin D S,Farach F J. 2007. The contributory role of worry in emotion generation and dysregulation in generalized anxiety disorder[J]. Behaviour Research and Therapy,45:1735-1752.

Mesquita B. 2001. Emotions in collectivist and individualist contexts[J]. Journal of Personality and Social Psychology,80(1):68-74.

Mesquita B,Frijda N H. 1992. Cultural variations in emotions:a review[J]. Psychological Bulletin,112(2):179-204.

Mills R S L. 2005. Taking stock of the developmental literature on shame[J]. Developmental Review,25:26-63.

Morris M W,Peng K. 1994. Culture and cause[J]. Jouranl of Personality and Social Psychology,67(6):949-971.

Nathanson D L. 1992. Shame and Pride:Affect,sex,and the birth of the self[M]. New York:W. W. Norton & Compnay.

Niedenthal P M,Tangney J P,Gavanski I. 1994. "If only I weren't"versus "If only I hadn't": distinguishing shame and guilt in counterfactual thinking[J]. Journal of Personality and Social Psychology,67(4):585-595.

O'Connor L E,Berry J W. 1999. Interpersonal guilt,shame,and psychological problems[J]. Journal of Social and Clinical Psychology,18(2):181-203.

Ochsner K N,Gross J J. 2005. The cognitive control of emotion[J]. Trends in Cognitive Science,9(5):242-249.

Reimer M S. 1996. "Sinking into the ground":The development and consequences of shame in adolescence[J]. Developmental Review,16:321-363.

Richards J M,Gross J J. 2006. Personality and emotional memory:How regulating emotion impairs memory for emotional events[J]. Journal of Research in Personality,40:631-651.

Roese N J. 1997. Counterfactual thinking[J]. Psychological Bulletin,121(1):133-148.

Rubeis S D,Hollenstein T. 2009. Individual differences in shame and depressive symptoms during early adolescence[J]. Personality and Individual Differences,46:477-482.

Rusch N, Leib K, Gottler I, et al. 2007. Shame and implicit self-concept in woman with bor-derline personality disorder[J]. The American Journal of Psychiatry, 164(3):500–508.

Scherer K R. 1997. The role of culture in emotion: antecedent appraisal[J]. Journal of Per-sonality and Social Psychology, 73(5):902–922.

Scherer K R. 1999. Appraisal theory[M]//Dalgleish T., Power M. Handbook of Cognition and Emotion. Chichester: Johns Wiley & Sons:637–664.

Shweder R A. 2003. Toward a deep cultural psychology of shame[J]. Social Research, 70 (4):1109–1120.

Southam-Gerow M A, Kendall P C. 2002. Emotion regulation and understanding implica-tions for child psychopathology and therapy[J]. Clinical Psychology Review, 22:189–122.

Szeto-Wong Cissy. 1997. Relation of race, gender and acculturation to proneness to guilt, shame, and transferred shame among Asian and Caucasian-Americans[J]. Dissertation Abstract International: Section B: The Science and Engineering, 56(6B):3328.

Talbot J A, Talbot N L, Tu X. 2004. Shame-proneness as a diathesis for dissociation in wom-en with histories of childhood sexual abuse[J]. Journal of traumatic stress, 17(5):445–448.

Tamir M, Robinson M D. 2004. Knowing good from bad: the paradox of neuroticism, nega-tive affect, and evaluative process[J]. Journal of Personality and Social Psychology, 87(6):913–925.

Tangney J P. 1990. Assessing individual differences in proneness to shame and guilt: devel-opment of the self-conscious affect and attribution inventory[J]. Journal of Personality and So-cial Psychology, 59(1):102–111.

Tangney J P. 1991. Moral affect: the good, the bad, and the ugly[J]. Journal of Personality and Social Psychology, 61(4):598–607.

Tangney J P. 1995. Recent advances in the empirical study of shame and guilt[J]. The American Behavioral Scientist, 38(8):1132–1145.

Tangney J P. 1996. Conceptual and methodological issues in the assessment of shame and guilt[J]. Behavior Research and Therapy, 34(9):741–754.

Tangney J P. 1999. The self-conscious emotions: shame, guilt, embarrassment and pride

[M]//Dalgleish T., Power M. Handbook of Cognition and Emotion. Chichester: John Wiley & Sons: 541-568.

Tangney J P, Niedenthal P M, Covert M V, et al. 1998. Are shame and guilt related to distinct self-discrepancies? A test of Higgins's (1987) hypotheses [J]. Journal of Personality and Social Psychology, 75(1): 256-268.

Tangney J P, Stuewig J, Masbek D J. 2007. What's moral about the self-conscious emotions [M]//Tracy J L, Robins R W, Tangney J P. The self-conscious emotions. New York: The Guilford Press: 21-38.

Tangney J P, Wagner P, Fletcher C, et al. 1992. Shame into anger? The relation of shame and guilt to anger and self-reported aggression [J]. Journal of Personality and Social Psychology, 62(4): 669-675.

Tangney J P, Wagner P, Gramzow R. 1992. Proneness to shame, proneness to guilt, and psychopathology [J]. Journal of Abnormal Psychology, 101(3): 469-478.

Tangney J P, Wagner P E, Hill-Barlow D. 1996. Relation of shame and guilt to constructive versus destructive responses to anger across the lifespan [J]. Journal of Personality and Social Psychology, 70(4): 797-809.

Tedeschi R G, Calhoun L G. 2004. Posttraumatic growth: conceptual foundations and empirical evidence [J]. Psychological Inquiry, 15(1): 1-18.

Thompson T, Altmann R, Davidson J. 2004. Shame-proneness and achievement behaviour [J]. Personality and Individual Difference, 36: 613-627.

Tracy J L, Robins R W. 2006. Appraisal antecedents of shame and guilt: support for a theoretical model [J]. Personality and Social Psychology Bulletin, 32(10): 1339-1351.

Tracy J L, Robins R W. 2007. The self in self-conscious emotions: a cognitive appraisal approach [M]//Tracy J L, Robins R W, Tangney J P. The self-conscious emotions: Theory and research. New York: The Guilford Press: 3-20.

Trumbull D. 2003. Shame: an acute stress response to interpersonal traumatization [J]. Psychiatry, 66(1): 53-64.

Turner J E, Schallert D L. 2001. Expectancy-value relationships of shame reactions and shame resiliency[J]. Journal of Educational Psychology,93(2):320-329.

Vliet K J V. 2008. Shame and resilience in adulthood:a grounded theory study[J]. Journal of Counseling Psychology,55(2):233-245.

Whiteside U,Chen E,Neighbors C,et al. 2007. Difficulties regulating emotions:Do binge eaters have fewer strategies to modulate and tolerate negative affect [J]. Eating Behaviors,8: 162-169.

Woien S L,Ernst H A H,Patock-Peckham J A,et al. 2003. Validation of the TOSCA to measure shame and guilt[J]. Personality and Individual Difference,35:313-326.

Wong Y,Tsai J. 2007. Cultural models of shame and guilt [M] //Tracy J L,Robins R W, Tangney J P. The self-conscious emotions:Theory and Research. New York:The Guilford Press: 209-223.

Yang S,Rosenblatt P C. 2001. Shame in Korean families[J]. Journal of Comparative Family Studies,32(3):361-375.

Zhu X,Auerbach R P,Yao S,et al. 2008. Psychometric properties of the cognitive emotion regulation questionnaire:Chinese version[J]. Cognition & Emotion,22(2):288-307.

附　录

附录 1 羞耻情绪的自我调节及其效果的半结构深度访谈
知情同意书

知情同意书

　　这次访谈是北京大学心理学系临床心理学实验室开展的一项科研课题中的一部分。访谈的主要内容是羞耻感与人们生活的关系。访谈将进行全程录音，录音由研究者保存，并仅用于科研工作。访谈中所涉及的内容（包括访谈录音）都将被保密。如果因研究需要，在论文或者专著中引用被访者谈论的有关的内容时，将不会暴露被访谈者的姓名等基本信息。

　　研究者清楚地说明了上述情况，被访谈人同意接受访谈，双方共同签署此同意书。

　　访员：　　　　　　　　　　　　被访者：

　　日期：　　　　　　　　　　　　日期：

附录2 羞耻情绪的自我调节及其效果的半结构深度访谈提纲

1. 基本信息

访谈日期：　　　　　　　　　访员：

性别：　　　　　　　　　　　年龄：

民族（种族）：　　　　　　　年级：

专业：

2. 指导语

您好！首先非常感谢您愿意参加我们的研究工作。我们北京大学临床心理学实验室正在进行有关某些特定的负性情绪和人们生活之间的关系的研究。我们本次访谈主要关注的是羞耻感这样一种情绪。首先请您仔细阅读《知情同意书》部分的内容，如果您同意这部分内容，请在上面签字。之后我们将开始正式的访谈。

（被试同意签署知情同意书之后）：

谢谢您同意接受本次访谈。我们下面将会向您提出一些有关羞耻感的问题，访谈中涉及的羞耻感的经历是一般人都会遇到的，只是具体情况可能有所不同。对所有问题的回答都没有对错之分，因此希望您能够按照您的实际情况来回答。

3. 在你看来，一般人通常会在什么情况下感到羞耻？

追问：你估计对最容易感到羞耻的情境中人们感到羞耻的原因可能是什么？

4. 你是否也想到自己生活中遇到过的让你感到羞耻的事件？请你举一个具体的例子

1）请你说明这件事情的主要经过？

如果需要，请追问：这件事发生在什么时间？当时你多大？

这件事发生在什么地点，或者场合？

事件的具体经过是怎么样的？

当时有谁在场？他们说了些什么，或者做了些什么？

2）你当时有什么样的心理感受？（请来访者自行回忆当时的各种感受，可追问是否还有其他的感受）

如果用0到10的数字来代表这种感受的强烈程度，0代表一点也没有，10代表这种感受极度强烈而难以承受，你认为你当时的那种感受大约是什么程度？（各种感受请分别评分）

3）你当时心里有什么样的想法？（可追问：你当时对自己有什么样的评价?）

4）你当时有没有有意识地作些什么来缓解自己这种羞耻情绪？

5）你在事后做了什么？

6）你当时认为这件事情发生的原因是什么？可以说多个原因。

7）你认为自己感到羞耻的原因是什么？可以说多个原因。

8）是否曾经回想起这一事件，回想时会有什么感受、想法和行为反应？

9）这件事情对你之后的生活有无影响？

如果有的话，是什么样的影响？

5. 请你再举一个具体的例子

1）请你说明这件事情的主要经过？

如果需要，请追问：这件事发生在什么时间？当时你多大？

这件事发生在什么地点，或者场合？

事件的具体经过是怎么样的？

当时有谁在场？他们说了些什么，或者做了些什么？

2）你当时有什么样的心理感受？（请来访者自行回忆当时的各种感受，可追问是否还有其他的感受）

如果用0到10的数字来代表这种感受的强烈程度，0代表一点也没有，10代表这种感受极度强烈而难以承受，你认为你当时的那种感受大约是什么程度？（各种感受请分别评分）

3）你当时心里有什么样的想法？（可追问：你当时对自己有什么样的评价？）

4）你当时有没有有意识地作些什么来缓解自己这种羞耻情绪？

5）你在事后做了什么？

6）你当时认为这件事情发生的原因是什么？可以说多个原因

7）你认为自己感到羞耻的原因是什么？可以说多个原因

8）是否曾经回想起这一事件，回想时会有什么感受、想法和行为反应？

9）这件事情对你之后的生活有无影响？

如果有的话，是什么样的影响？

6. 一般来说，你会在哪些场合或者情境中感到羞耻？请具体说明。可以回答多类场合

7.一般而言，你在感觉到羞耻时会有什么样的想法、感受和行为反应？

8.你是否会有意识地去调节自己的这种情绪反应？会想些什么或做些什么？你觉得调节的效果怎么样？

9.你觉得羞耻这种情绪对于人们的生活有什么样的影响？（或者这种情绪有没有什么好处和坏处？）

附录3 羞耻情绪的自我调节及其效果的半开放问卷调查研究问卷

请您回答下列的问题。请在空格中填写答案，或在您所选择的选项字母上画圈。

姓名_____ 性别_____ 年龄_____ 民族_____ 编号_____

指导语

我们是北京大学临床心理学实验室的研究人员。

这是一个关于情绪的研究项目。对于我们的研究而言，您在这份问卷中所填写的内容不但十分重要，并且极有价值。请您仔细且如实的根据我们的指导语填写问卷。我们将对所有信息严格保密，并且仅将其用于科研目的。我们衷心感谢您的参与。

如果您有任何问题，可以通过以下 Email 地址和我们取得联系：**XXX**

在我们的生活中，我们都会有些不愉快的经历。请您回忆一件发生让您感到**羞耻**的事件，并尽可能**详细**地把它写在下面空白的横线中。（如果您能想起几件让您感到羞耻的事件，请写出让你感到最为羞耻的一件事）

请你根据你回忆的经历如实的回答下面的问题

1）请根据你的感受在下面的数字上画圈。数字1表示完全没有，数字越大表明程度越强烈。

这件事在多大程度上让我感到羞耻　　1 2 3 4 5 6 7

这件事对我有多大的影响　　　　　　1 2 3 4 5 6 7

2）在事发当时你有什么想法和情绪感受？

3）在当时做了什么？

4）你在事后做了什么?

5）你觉得这件事情之所以发生的原因是什么?（如果有多个原因，请填写最主要的那个原因）

6）你是否有意识地了想些什么和做些什么来调节自己感受到的羞耻?如果有，你是怎么想和怎么做的? 你自己觉得效果怎么样?

7）请根据你的感受在下面的数字上画圈。数字1表示完全不同意，5表示完全同意。

问题	完全不同意				完全同意
这件事情自己做得很糟糕	1	2	3	4	5
自己在这方面的能力很差	1	2	3	4	5
自己很糟糕	1	2	3	4	5
别人会认为这件事我做得很糟糕	1	2	3	4	5
别人会认为我在这方面的能力很差	1	2	3	4	5
别人会觉得我这个人很糟糕	1	2	3	4	5
这件事情发生的原因是和我自己有关的	1	2	3	4	5
这件事情发生的原因是我可以控制的	1	2	3	4	5
这件事情发生的原因是暂时的，容易改变的	1	2	3	4	5
我能很快让自己不再觉得那么羞耻了	1	2	3	4	5
通过我的这件事情的处理，我对自己更满意了	1	2	3	4	5
通过我对这件事情的处理，我提高了自己在这方面的能力	1	2	3	4	5
通过我对这件事情的处理，我让别人对我的印象更好了	1	2	3	4	5
我很好地处理/应对了这件事情	1	2	3	4	5

附录4 羞耻情境故事下特定自我认知评估对羞耻
认知调节策略选用的影响研究问卷

性别_____年级_____年龄_____民族_____填写问卷日期_____

你的专业是　A 理科　　　B 文科　　　C 工科　　　D 医科　　　E 农科

你来自　　　A 大城市　　　B 中小城市　　C 城镇　　　D 农村

指导语

在我们的日常生活中，我们总是不可避免会遇到一些让人感到不愉快的事情。请你阅读下面这个小故事，根据相应的指导语想象你就是故事中的主人公，并回答下列的问题。你的答案没有对错之分，请按照你自己真实的感受和想法回答。你的回答将会对我们有很大的帮助！

北京大学心理学系临床心理学实验室

在一堂英语课上，我在没什么准备的情况下被老师叫起来读课文，结果读得十分不流利，好几个单词都读错了，发音发得也不准，总之糟糕透了。结果老师给了我很差的评价。

我一直很看重自己的表现，所以我觉得这次自己表现得太糟了！（自我指向）

我一直很看重别人对我的评价，所以我很担心老师和同学会因此对我有很不好的印象。（他人指向）

请根据你真实的感受和想法回答下列问题

1）请根据你的感受在下面的数字上画圈。数字1表示完全没有，数字越大表明程度越强烈。

我会感到脸红和心跳加快　　　　　　　1　2　3　4　5　6　7

我会低下头，不敢和老师对视　　　　　1　2　3　4　5　6　7

这件事在多大程度上让我感到羞耻	1 2 3 4 5 6 7
这件事在多大程度上让我感到愤怒	1 2 3 4 5 6 7
这件事在多大程度上让我感到伤心	1 2 3 4 5 6 7
这件事在多大程度上让我感到焦虑	1 2 3 4 5 6 7
这件事对我有多大的影响	1 2 3 4 5 6 7

2）请根据你的真实想法回答下列问题，并在相应数字上画圈。

问题	完全不同意				完全同意
我会觉得这件事情自己做得很糟糕	1	2	3	4	5
我会觉得自己英语能力很差	1	2	3	4	5
我会觉得自己很糟糕	1	2	3	4	5
我会担忧别人会认为这件事情我做得很糟糕	1	2	3	4	5
我会担忧别人会认为我英语能力很差	1	2	3	4	5
我会担忧别人会觉得我这个人很糟糕	1	2	3	4	5
这件事情发生的原因是和我自己有关的	1	2	3	4	5
这件事情发生的原因是我可以控制的	1	2	3	4	5
这件事情发生的原因是暂时的，容易改变的	1	2	3	4	5
我会想："回去要好好学英文，争取下次表现得好点！"	1	2	3	4	5
我会想："这也不是件大事，没人会记得我今天的表现。"	1	2	3	4	5
我会想："老师有点太过分了，不应该那么批评我！"	1	2	3	4	5
我会想："都是我自己不好！"	1	2	3	4	5
我会不断地回想事发当时自己的感受和别人的反应	1	2	3	4	5
我会想："真希望马上离开教室！"	1	2	3	4	5
我会想："别人没准还经历过比这更糟的事情呢。"	1	2	3	4	5
我会想："不会有人比我更倒霉了！"	1	2	3	4	5
我会想些高兴的事情来调节自己的心情	1	2	3	4	5
我会想："我一定要表现出若无其事，不在乎的样子。"	1	2	3	4	5
事后我会把这件事和好朋友说一说，寻求一下安慰	1	2	3	4	5
事后我会努力学习英文	1	2	3	4	5
这件事情发生后我对这个老师的评价会有所下降	1	2	3	4	5
这件事情发生后我会不太想来上英语课	1	2	3	4	5

附录5 任务失败条件下自我认知评估对羞耻认知
情绪调节策略选择的影响后测问卷

在过去的五分钟里，你多大强度上感受到了下列各情绪？请对于每种情绪，请用1到5中的一个数来表示你所感受到的强度，1表示一点也不觉得，7表示感到非常强烈。

条目	一点也不觉得					非常强烈	
1. 焦虑	1	2	3	4	5	6	7
2. 羞耻	1	2	3	4	5	6	7
3. 生气	1	2	3	4	5	6	7
4. 伤心	1	2	3	4	5	6	7

请根据你的真实想法回答下列问题，并在相应数字上画圈。

问题	完全不同意				完全同意
我会觉得刚才表现得很糟糕	1	2	3	4	5
我会觉得自己的速算能力不好	1	2	3	4	5
我会觉得自己很糟糕	1	2	3	4	5
我会担忧别人会认为我刚才表现很糟糕	1	2	3	4	5
我会担忧别人会认为我的速算能力不好	1	2	3	4	5
我会担忧别人会觉得我这个人很糟糕	1	2	3	4	5
刚才测验的结果反映的是我自己的问题	1	2	3	4	5
刚才测验的结果是我可以控制的	1	2	3	4	5
刚才测验的结果是暂时的，容易改变	1	2	3	4	5
我会想："怎么做能改变这个局面呢?"	1	2	3	4	5
我会想："这也不是件大事，没人会记得我今天的表现。"	1	2	3	4	5
我会想："这个测验的设计是有问题的。"	1	2	3	4	5

续表

问题	完全 不同意				完全 同意
我会想："是我算数能力不够好"	1	2	3	4	5
我会不断地回想测验当时自己的感受和别人的反应	1	2	3	4	5
我会想："真希望马上离开这个实验室"	1	2	3	4	5
我会想："还有人的表现比我更惨呢"	1	2	3	4	5
我会想："不会有人比我更倒霉了"	1	2	3	4	5
我会想些高兴的事情，而不去想这次测验的结果	1	2	3	4	5
我会想："我一定要表现出若无其事，不在乎的样子"	1	2	3	4	5
我会把这件事和好朋友说一说，寻求一下安慰	1	2	3	4	5
我会想问实验员要一套练习软件回家练习	1	2	3	4	5
我不会想再参加类似的实验了	1	2	3	4	5
我觉得实验员挺友善的	1	2	3	4	5

附录6 羞耻情绪的不同认知调节策略的有效性研究问卷

性别_____年级_____年龄_____民族_____填写问卷日期_____

你的专业是　　A 理科　　　　B 文科　　　　C 工科　　　　D 医科　　　　E 农科

你来自　　　　A 大城市　　　B 中小城市　　C 城镇　　　　D 农村

指导语

在我们的日常生活中，我们总是不可避免会遇到一些让人感到不愉快的事情。请你阅读下面这个小故事，根据相应的指导语想象你就是故事中的主人公，并回答下列的问题。你的答案没有对错之分，请按照你自己真实的感受和想法回答。你的回答将会对我们有很大的帮助！

北京大学心理学系临床心理学实验室

在一堂英语课上，我在没什么准备的情况下被老师叫起来读课文，结果读得十分不流利，好几个单词都读错了，发音发得也不准，总之糟糕透了。结果老师给了我很差的评价。

请根据你真实的感受和想法回答下列问题

1) 请根据你的感受在下面的数字上画圈。数字1表示完全没有，数字越大表明程度越强烈。

我会感到脸红和心跳加快	1　2　3　4　5　6　7
我会低下头，不敢和老师对视	1　2　3　4　5　6　7
这件事在多大程度上让我感到羞耻	1　2　3　4　5　6　7
这件事在多大程度上让我感到愤怒	1　2　3　4　5　6　7

这件事在多大程度上让我感到伤心　　1　2　3　4　5　6　7

这件事在多大程度上让我感到焦虑　　1　2　3　4　5　6　7

这件事对我有多大的影响　　　　　　1　2　3　4　5　6　7

这件事情发生的原因是和我自己有关的　1　2　3　4　5　6　7

这件事情发生的原因是我可以控制的　　1　2　3　4　5　6　7

这件事情发生的原因是暂时的，容易改变的　1　2　3　4　5　6　7

2）如果这件事情发生在你的身上：

请想一下你可以做些什么来更好地应对这件事（积极重新计划）；

请想一下有什么理由让你觉得这件事其实并不那么糟糕（转换视角）；

请想一下这件事情上反映出了你有哪些缺点、不足或做得有问题的地方（自责）；

请想一下这件事情上反映出的英语老师的缺点、不足或做得失败的地方（责备他人）；

并把这些想法写在下面的空白处。

请对你上述的想法进行0—10十点评分，分数越高表明可能性或相信程度越高。

你有多大程度相信这种（些）想法

0　1　2　3　4　5　6　7　8　9　10

3）请根据你现在的感受在下面的数字上画圈。数字1表示完全没有，数字越大表明程度越强烈。

这件事在多大程度上让我感到羞耻　　　1　2　3　4　5　6　7

这件事在多大程度上让我感到愤怒　　　1　2　3　4　5　6　7

这件事在多大程度上让我感到伤心	1 2 3 4 5 6 7
这件事在多大程度上让我感到焦虑	1 2 3 4 5 6 7
这件事对我有多大的影响	1 2 3 4 5 6 7

4）请根据你的感受和想法回答下列问题。

问题	完全 不同意				完全 同意
我觉得我所感到的羞耻感会下降	1	2	3	4	5
我觉得我的英语水平没有那么糟糕	1	2	3	4	5
我不那么担忧别人对我这次表现的看法了	1	2	3	4	5
我会努力学习来提高自己的英语水平	1	2	3	4	5
我会在以后上课时努力表现，让英语老师更欣赏我	1	2	3	4	5
我会开始不喜欢这个英语老师	1	2	3	4	5
我会不想来上这门英语课	1	2	3	4	5
我觉得那么想能帮助我更好地调节自己的羞耻情绪	1	2	3	4	5

附录7 任务失败条件下转换视角策略和自责策略对羞耻情绪的情绪调节效果的研究后测问卷

在过去的五分钟里，你多大强度上感受到了下列各情绪？请对于每种情绪，请用1到7中的一个数来表示你所感受到的强度，1表示一点也不觉得，7表示感到非常强烈。

条目	一点也不觉得					非常强烈	
1. 焦虑	1	2	3	4	5	6	7
2. 羞耻	1	2	3	4	5	6	7
3. 生气	1	2	3	4	5	6	7
4. 伤心	1	2	3	4	5	6	7

请想一下你有哪些缺点、不足或表现得有问题的地方从而造成了这个测验目前的结果（自责）/请想一下有什么理由让你觉得整个测试的结果或你的表现其实并不那么糟糕（转换视角），并把这些想法写在下面的空白处

请对你上述的想法进行0—10十点评分，分数越高表明相信程度越高。

你有多大程度相信这种（些）想法

0　1　2　3　4　5　6　7　8　9　10

你现在有多大强度上感受到了下列各情绪？请对于每种情绪，请用1到7中的一个数来表示你所感受到的强度，1表示一点也不觉得，7表示感到非常强烈。

条目	一点也不觉得						非常强烈
焦虑	1	2	3	4	5	6	7
羞耻	1	2	3	4	5	6	7
生气	1	2	3	4	5	6	7
伤心	1	2	3	4	5	6	7

请根据你现在的真实想法回答下列问题，并在相应数字上画圈。

问题	完全不同意				完全同意
我会觉得刚才表现得很糟糕	1	2	3	4	5
我会觉得自己的速算能力不好	1	2	3	4	5
我会觉得自己很糟糕	1	2	3	4	5
我会担忧别人会认为我刚才表现很糟糕	1	2	3	4	5
我会担忧别人会认为我的速算能力不好	1	2	3	4	5
我会担忧别人会觉得我这个人很糟糕	1	2	3	4	5
刚才测验的结果反映的是我自己的问题	1	2	3	4	5
刚才测验的结果是我可以控制的	1	2	3	4	5
刚才测验的结果是暂时的，容易改变	1	2	3	4	5

指导语：在考虑了自己的缺点、不足和问题之后（自责）/在觉得这个测试的结果并不那么糟糕之后（转换视角），请根据你现在的感受和想法回答下列问题。

问题	完全不同意				完全同意
我觉得我所感到的羞耻感会下降	1	2	3	4	5

续表

问题	完全 不同意				完全 同意
我觉得我的速算能力没有那么糟糕	1	2	3	4	5
我不那么担忧别人对我这次表现的看法了	1	2	3	4	5
我觉得这么想能帮助我更好地调节自己的羞耻情绪	1	2	3	4	5
我希望向实验员要一套练习软件回家练习	1	2	3	4	5
我不会想参加类似的测试了	1	2	3	4	5
我觉得这个测试设计得很合理	1	2	3	4	5
我觉得实验员很友好	1	2	3	4	5
我会想和这个实验员一起完成一项和数学能力有关的任务	1	2	3	4	5

致　谢

　　本书内容是我在北京大学心理学系完成的博士论文，也是我在燕园十年旅程的一个总结。完成本书对我来说是一个充满艰辛和喜悦的探索之旅，回首这段旅程，不免想对许多人道一声感谢。首先，要感谢我的导师钱铭怡教授。从2004年我进入她带领的北京大学临床心理实验室以来，导师多年的教诲、支持与鼓励，不仅仅让我在学术研究上受益匪浅，也让我在为人处事上日渐成熟。她的严谨、执着与坚韧也将伴随我之后人生的旅程。其次，我要感谢北京大学心理系临床实验室的其他老师：钟杰博士、易春丽博士和姚萍博士，以及所有心理学系曾经教导过我的老师，尤其是吴艳红教授、周晓林教授和甘怡群教授，真诚地感谢他们在我燕园的十年中给予的点滴教导与支持。

　　从进入北京大学心理系的临床实验室以来，我一直在羞耻情绪研究小组进行学习和研究工作。我从一个组员成长为羞耻情绪研究小组组长，对于羞耻情绪研究的理解在不断地加深，而伴随我成长的重要伙伴就是在六年研究小组生涯中所有的研究成员：张黎黎、汪智艳、秦漠、杨凡、程菲、邓天、张智丰、Marcus A. Rodriguez、王觅、牟文婷、李瑶、戴赟、林洁瀛、罗晓晨和丁欣放。正是彼此的启发与帮助、支持与陪伴，让我在这段日子里变得那么得充实与丰盛。也要感谢曾和我一起在临床实验室里共同奋斗，如今也已各自踏上新的人生征途的其他同伴：邓晶、王雨吟、李松蔚、杨寅，王小玲，感谢他们和我一起度过风风雨雨，一起成长。我尤其要感谢汪智艳和蔡文虹，她们是我在燕园旅程中最为重要的两位同伴和挚友。尽管目前我们各自身处不同的城市，但空间上的阻隔却并无法阻断她们与我心灵上的交汇。她们的友谊是我一生中最珍贵的礼物，她们的理解与支持是我在沮丧、彷徨和无助时，在我眼前鼓励我不去放弃的那一簇光芒。

最后，要衷心感谢我的父母和我的先生倪剑青，他们自始至终不离不弃的支持与鼓励是我愿意一直前行的动力，是我永远的安全港湾。从这个意义上来说，本文也是献给他们的一份礼物。同时，它也是一个见证，见证我与他们在之前的人生道路上的彼此支持与陪伴，也见证我们会一起继续创造新的历程。

2016 年 1 月 22 日 于上海家中